AF537765

Wegbereiter der Geowissenschaften

50 Portraits von Geowissenschaftlern aus fünf Jahrhunderten

Marianne Meschede
Martin Meschede

2. durchgesehene und korrigierte Auflage

Schweizerbart · Stuttgart · 2023

Meschede, M. & Meschede, M., Wegbereiter der Geowissenschaften. 50 Portraits von Geowissenschaftlern aus fünf Jahrhunderten

Martin Meschede
Regionale und Strukturgeologie
Institut für Geographie und Geologie
Friedrich-Ludwig-Jahn-Straße 17A
17487 Greifswald

meschede@uni-greifswald.de

Marianne Meschede
Poggendiek 38
30457 Hannover

Gedruckt mit Unterstützung der Deutschen Geologischen Gesellschaft – Geologische Vereinigung (DGGV), Berlin

Umschlag: Eisenoxidfärbungen in schräggeschichtetem Wealden-Sandstein, Steilküste bei Hastings, UK

Gerne nehmen wir Hinweise zum Inhalt und Bemerkungen zu diesem Buch entgegen:
editors@schweizerbart.de

2. durchgesehene und korrigierte Auflage (Schweizerbart 2023)
1. Auflage (Schweizerbart 2018)

ISBN 978-3-510-65545-8
Informationen zu diesem Titel: www.schweizerbart.de/9783510655458

Verlag: E. Schweizerbart'sche Verlagsbuchhandlung (Nägele u. Obermiller)
Johannesstraße 3A
70176 Stuttgart, Germany
mail@schweizerbart.de
www.schweizerbart.de

∞ Gedruckt auf alterungsbeständigem Papier nach ISO 9706-1994
Printed in Germany by Nothhaft Druck, 93080 Pentling

Vorwort

Das Interesse und die Begeisterung für die Portraitmalerei war in der Familie von Marianne Meschede bereits hinreichend bekannt. Und so kam es vor etwa 25 Jahren dazu, dass spezielle Wünsche an sie herangetragen wurden. Das erste Portrait zeigte auf einer großen Leinwand den Komponisten Robert Schumann, angefertigt nach einer Radierung im Taschenbuchformat. Es folgten viele Musiker, Wissenschaftler, Familienangehörige usw. Auch viele Geowissenschaftler wurden portraitiert. Es begann mit Alfred Wegener und Serge von Bubnoff und es wurden die verschiedensten Techniken von Acrylmalerei bis hin zu Tuschezeichnungen ausprobiert. Irgendwann stellte sich zwangsläufig die Frage, was passiert mit den vielen Portraits? Das Ergebnis ist das vorliegende Buch. Hier sind in einer nicht ganz willkürlichen, aber dennoch unvollständigen Sammlung 50 wegbereitende Geowissenschaftler versammelt, die alle auf ihre eigene Weise die Geowissenschaften vorangebracht haben. Wir haben versucht, die Breite der Geowissenschaften mit ihren Bereichen Geologie, Geophysik, Mineralogie und Paläontologie darzustellen. Hinzu kommen als Vorläufer die Naturgelehrten und Geognosten, die, beginnend im 16. Jahrhundert, die Grundlagen für geowissenschaftliche Forschungen gelegt haben und grundsätzliche Zusammenhänge erkannten. Es ist aufgrund der Vielzahl der Personen nicht möglich, einen vollständigen Überblick über alle diejenigen zu vermitteln, die an der Entwicklung der Geowissenschaften mitgewirkt haben. Dennoch versuchen wir, ein möglichst breites Bild der Entwicklung zu zeigen, wenngleich eine gewisse Färbung in Richtung des wichtigsten Paradigmas der Geowissenschaften, der Theorie der Plattentektonik, nicht zu leugnen ist. Die kurzen Lebensbeschreibungen der im Buch vertretenen Geowissenschaftler wurden nach allgemein zugänglichen Unterlagen und Daten gestaltet. Im einführenden Kapitel wird gezeigt, wo die einzelnen Wegbereiter ihren Platz in der Geschichte der geowissenschaftlichen Forschung haben.

Sollte sich der eine oder andere fachliche Fehler eingeschlichen haben, würden wir uns über Kommentare und Anregungen freuen (E-Mail: meschede@uni-greifswald.de).

Marianne und Martin Meschede
Hannover und Greifswald, im Mai 2018

In dieser 2. Auflage wurden kleinere Fehler und stilistische Feinheiten korrigiert.

Januar 2023

Inhalt

Wegbereiter der Geowissenschaften – 50 Geowissenschaftler im Portrait

Anhand von 50 ausgewählten Portraits von berühmten Geowissenschaftlern aus fünf Jahrhunderten möchten wir die Entwicklung der Geowissenschaften in ihren verschiedenen Disziplinen ein wenig nachzeichnen. Einen Anspruch auf Vollständigkeit erheben wir nicht, denn das wäre in diesem Rahmen nicht erreichbar. Wir haben versucht, aus den vier großen Disziplinen der Geowissenschaften, der Geologie, Mineralogie, Paläontologie und Geophysik, bedeutende Wissenschaftler herauszusuchen, die bahnbrechende Erkenntnisse beigetragen haben und so zu Wegbereitern für nachfolgende Generationen wurden. Und es sind auch solche dabei, die ihrer Wissenschaft große Dienste erwiesen haben, die sich aber in späteren Lebensjahren neuen Erkenntnissen, die ihren eigenen Theorien widersprachen, nicht mehr öffnen konnten.

Die Ursprünge der Geowissenschaften liegen einerseits im Auffinden von Rohstoffen. Schon unsere Vorfahren in der Steinzeit bauten Salz und Erze für den täglichen Gebrauch oder zur Herstellung von Geräten und Waffen ab. Andererseits ist es ein uralter Wunsch der Menschheit, die Welt zu verstehen. Daraus erwuchsen Religionen, die versuchen ein Weltbild zu schaffen, das Erklärungen für die oftmals als bedrohlich empfundenen Naturphänomene bietet, denen die Menschheit zu allen Zeiten begegnete. Während die Suche nach Rohstoffen das systematische Wissen über deren Vorkommen und die Möglichkeiten ihrer Nutzung mehrte, wurden die alten mythologischen Vorstellungen über die Beherrschung der Erde nach und nach durch rationale, frühwissenschaftliche Erkenntnisse ersetzt. Nicht mehr die Götter waren die Urheber von Erdbeben, sondern Bewegungen der auf einem Urozean schwimmenden Erdscheibe. Und schon in der Antike beschäftigte man sich mit der Entstehung von Gesteinen, wobei man zu der Überzeugung gelangte, dass alle Dinge aus dem Wasser heraus entstanden seien, eine frühe Form des bis in das 19. Jahrhundert hinein diskutierten Neptunismus. Es entwickelten sich Vorstellungen über die Entstehung der belebten Welt, die z.T. erstaunliche Ähnlichkeiten mit der modernen Evolutionstheorie haben: die Lebewesen seien in einem feuchten Medium entstanden und der Mensch habe sich schließlich aus einem fischartigen Lebewesen heraus entwickelt. Muscheln und andere im Meer lebende Tiere, die man als Versteinerungen in meeresfernen Gegenden fand, erkannte man als Zeugen für die Hebung von Gebirgen, die einstmals im Meer gelegen haben. Aristoteles (384–322 v. Chr.) entwarf eine Lehre der Umwandlung, bei der durch das Eindringen von Sonnenstrahlen in den Erdkörper Gesteine und Metalle voneinander abgetrennt werden. Da aber Bergbau und Lagerstättenkunde in der Antike als schmutzige Arbeiten galten, wurden insgesamt nur wenige geowissenschaftliche Beobachtungen gemacht. Eratosthenes (ca. 276/273–191 v. Chr.) wies bereits zu seiner Zeit nach, dass die Erde eine Kugel ist und berechnete deren Umfang mit erstaunlicher Genauigkeit. Er gilt deswegen auch als der Begründer der wissenschaftlichen Geographie.

Im Mittelalter ging einiges an Wissen, das in der Antike bereits angesammelt worden war, wieder verloren, doch sind manche Überlieferungen über die Vorstellungen dieser Zeit auch später verfälscht worden. So wurde immer wieder behauptet, dass die christliche Lehre die Kugelgestalt der Erde nicht akzeptieren würde und die Erde erneut als eine flache Scheibe ansehe. Den Menschen zu dieser Zeit war aber durchaus klar, dass die Erde eine Kugel ist und auch die Kirche lehrte dies, indem sie darauf verwies, dass die Erde wie ein Apfel beschaffen sei. Der Reichsapfel des Heiligen Römischen Reiches zeigt, dass man keinen Zweifel an der Kugelgestalt der Erde hatte. Im arabischen Raum blühte die Wissenschaft im Mittelalter auf und man begann, die Minerale zu klassifizieren. Auch hatte man schon durchaus modern anmutende Vorstellungen von Sedimentation und Erosion und der Wirkung des Wassers. In Europa gelangten vor allem die Erze in das Zentrum der Betrachtungen, vor allem der Alchemisten. Man erklärte ihre Entstehung mithilfe von Destillationsvorgängen, wobei die Erze durch die Hitze im Erdinneren in Poren und Risse der Erdkruste getrieben werden, eine Vorstellung, die nicht allzu fern von der heutigen Erklärung ist. Das Alter der Erde wurde nach der Bibel errechnet und mit etwa 6000 Jahren angegeben. Die Sintflut war danach das einzige Ereignis, das die Gestalt der Erde noch wesentlich beeinflusste. Sie wurde auch herangezogen, um Fossilien zu erklären, die weitab von Meeren und oft in großen Höhen in Gebirgen gefunden wurden.

Anfang des 16. Jahrhunderts wurden die ersten Grundlagen für die modernen Geowissenschaften gelegt. Georgius Agricola (s. S. 8) hat in seinem Hauptwerk „*De re metallica libri XII*" den Bergbau zu seiner Zeit in allen Facetten beschrieben und mit seinem Handbuch „*De natura fossilium*" das erste brauchbare Handbuch der Mineralogie geschaffen. Ein Jahrhundert nach ihm erkannte Nicolaus Steno (s. S. 10) grundlegende Zusammenhänge, aus denen sich die ersten Gesetze ableiteten, so z.B. das Gesetz der ursprünglichen Horizontalität abgelagerter Sedimente und dass die Schichten erst nachträglich durch einwirkende Kräfte verstellt oder verfaltet werden. Mit ihm begann man über die Erdgeschichte nachzudenken, doch bereitete dies noch längere Zeit Probleme, da man die geologischen Befunde nicht mit der biblischen Zeitrechnung in Einklang bringen konnte. Ende des 18. Jahrhunderts teilte Giovanni Arduino (1735–1795) die Gesteine der Erdkruste in Primär, Sekundär, Tertiär und Quartär ein. Die ersten beiden Begriffe lassen sich ungefähr mit dem heutigen Paläozoikum und Mesozoikum korrelieren, das Tertiär wird in Paläogen und Neogen unterteilt, während das Quartär auch heute noch als stratigraphischer Begriff verwendet wird.

James Hutton (s. S. 12) beschrieb in seiner „*Theory of the Earth*" Mitte des 18. Jahrhunderts einen kontinuierlichen Entwicklungskreislauf. Lockermaterialien werden ins Meer geschwemmt und durch vulkanische Prozesse wieder an die Oberfläche gebracht, wo sie erneut der Abtragung unterliegen. Er deutete auf diese Weise eine Winkeldiskordanz im berühmten Aufschluss am Siccar Point in Schottland, die heute als „*Hutton's Unconformity*" bezeichnet wird. Hutton ging davon aus, dass die langsam wirkenden geologischen Prozesse in der Vergangenheit ähnlich abliefen wie heute und begründete damit das Prinzip des **Uniformitarianismus** (oder Aktualismus). Gleichzeitig stellte er damit das biblische Alter der Erde in Frage. Hutton gilt heute als Begründer der Geologie als eigener Wissenschaft. Die Mineralogie erreichte eine

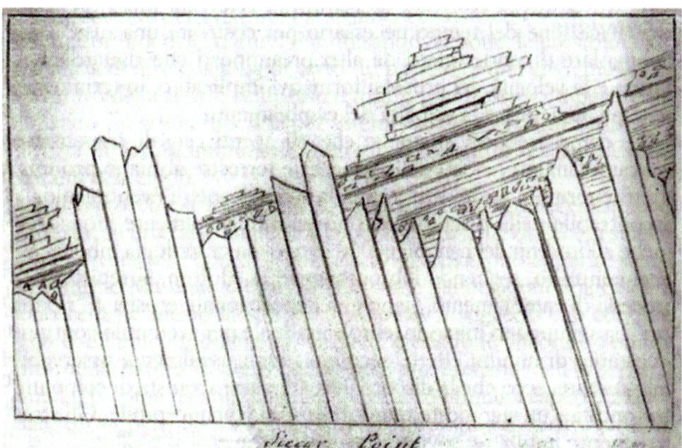

Abb. 1. Hutton's Unconformity am Siccar Point, gezeichnet von Sir James Hull, 1788, während einer Exkursion mit James Hutton.

erste Eigenständigkeit durch Abraham Gottlob Werner (s. S. 14), der die Lehre von den damals noch als „Fossilien" bezeichneten Mineralen, von ihm als Oryctognosie bezeichnet, von der Geognosie als der Lehre von den Gebirgsarten und Mineralgemengen abtrennte. Weiterentwickelt wurde die Mineralogie von seinem Schüler Friedrich Mohs (s. S. 16), der ein Konzept für die Kristallsysteme der Minerale vorstellte. Déodat de Dolomieu (s. S. 18) erkannte, dass es in den Alpen ein dem Kalkstein ähnliches Gestein gab, das jedoch ganz andere mineralogische Eigenschaften aufwies. Dies Gestein wurde später nach ihm als Dolomit benannt.

Werner war zugleich auch der Hauptvertreter des **Neptunismus**, der seine Wurzeln schon in der Antike hat und besagt, dass alle Gesteine und Mineralien im Wasser gebildet werden und auch alle Veränderungen der Erdoberfläche durch den Einfluss des Wassers entstehen. Dieser Ansicht entgegen stand der **Plutonismus**, der zumindest zum Teil von Hutton vertreten wurde und besagt, dass alle Gesteine im Erdinneren durch vulkanische oder plutonische Kräfte entstehen. Ende des 18. und Anfang des 19. Jahrhunderts entstand eine heftige wissenschaftliche Kontroverse über diese beiden theoretischen Ansätze. Zwar wird oft gesagt, dass die Plutonisten diesen Streit am Ende gewonnen hätten, doch darf man nicht vergessen, dass eine ganze Reihe von Prozessen, die von den Neptunisten erklärt wurden, in die heutigen Ansichten eingeflossen sind. Die Entstehung der Granite und Basalte als chemische Ausfällungen aus den Wassern eines Urozeans widerlegten die Plutonisten, doch konnten sie die Entstehung von Salzstöcken nicht als magmatische Intrusion erklären. Die bereits von Werner beschriebenen heißen wässrigen und mineralhaltigen Lösungen, die von den Plutonisten bestritten wurden, sind ebenfalls in der heutigen Entstehungstheorie verwurzelt.

Eine weitere Kontroverse entbrannte über den Einfluss von katastrophalen Ereignissen. Georges Cuvier (s. S. 20) war einer der Hauptvertreter der **Kataklysmentheorie** (oder Katastrophentheorie), die besagt, dass eine Reihe von sintflutartigen Überschwemmungskatastrophen wiederholt zum Aussterben vieler regionaler Arten und zum Artenwechsel im Verlauf der Zeit führten. Er war der Ansicht, dass die Arten unveränderlich sind und nach jedem Aussterbeereignis neu erschaffen wurden. Beide Theorien gelten heute als wissenschaftlich widerlegt. Zu den Befürwortern der Kataklysmentheorie zählte auch Louis Agassiz (s. S. 26), der darauf aufbauend erstmals die Theorie entwarf, dass Gletscher einstmals weite Teile Europas und des Alpenraumes bedeckten. Er beantwortete damit die Frage, weshalb man oft große Gesteinsblöcke in Gebieten findet, wo sie geologisch offensichtlich nicht ihren Ursprung hatten und deshalb über weite Strecken transportiert worden sein mussten. In der zweiten Hälfte des 19. Jahrhunderts verlor die Kataklysmentheorie allmählich an Zuspruch und wurde mehr und mehr durch den **Aktualismus**, der von einer langsamen, sich stetig verändernden Erde ausgeht, verdrängt. Das von Hutton aufgestellte Aktualismusprinzip wurde von Charles Lyell (s. S. 24) weiterentwickelt und in seinem Buch „*Principles of Geology*" verbreitet. Dieses Buch hatte einen immensen Erfolg und wurde in 12 Auflagen immer weiter verbessert. Es hatte unmittelbaren Einfluss auf Charles Darwin (s. S. 22), der es mit auf seine Weltreise nahm und seine geologischen Beobachtungen im Wesentlichen danach interpretierte und dokumentierte. Darwin ist mit seiner Evolutionstheorie, die er 1859 mit seinem Werk „*On the Origin of Species*" veröffentlichte, nicht in erster Linie ein Geowissenschaftler, doch hat er mit seiner Theorie auch die Geowissenschaften ganz entscheidend beeinflusst und zählt somit ebenso zu den Wegbereitern der Geowissenschaften. Die von Lyell in seinem Hauptwerk formulierte Drifttheorie, nach der eiszeitliche Ablagerungen sämtlich durch Eisberge transportiert werden, wurde von Otto Torell (s. S. 28) ein halbes Jahrhundert später widerlegt. Torell formulierte die **Inlandeistheorie**, die er mit Argumenten wie z.B. durch Gletscher verursachte Striemungen in Norddeutschland untermauern konnte.

Die Erstellung geologischer Karten begann im frühen 19. Jahrhundert. William Smith (s. S. 30) fertigte 1815 die erste umfassende geologische Karte von England und Wales an: sie ging in die Wissenschaften als „*Die Karte, die die Welt veränderte*" ein (Abb. 2). Er wandte das von Steno erkannte stratigraphische Prinzip konsequent an, indem er die Faunenzusammensetzungen bestimmter Gesteinsabfolgen als typisch charakterisierte und zur Korrelation über größere Strecken nutzte. Sein Zeitgenosse Leopold von Buch (s. S. 32) prägte dafür den Begriff **Leitfossil**, mit deren Hilfe eine relative Datierung und die Korrelation bestimmter Schichten mit gleichen Fossilien ermöglicht wurde. Dieses Prinzip wandten auch Cuvier und Alexandre Brongniart (s. S. 36) an. Cuvier gilt als der Begründer der modernen Paläontologie, der sich vor allem mit der Systematik der fossilen Lebewesen auseinandersetzte. Sowohl Brongniart als auch Ernst von Schlotheim (s. S. 38) gingen noch einen Schritt weiter, indem sie das aktualistische Prinzip Huttons auf die Fossilien anwendeten. Sie hatten damit das Prinzip der **Fazies** erkannt, wenngleich sie es auch noch nicht so nannten. Friedrich August Quenstedt (s. S. 42) fertigte in Württemberg geologische Kartenblätter an und wandte sich besonders dem Jura und seiner stratigraphischen Untergliederung zu. Die Gliederung des Jura in drei Stufen geht auf ihn zurück. Seine feinstratigraphische Untergliederung war bis in die 70er Jahre des 20. Jahrhunderts offiziell in Gebrauch.

Ähnlich wie Smith erstellte Bernhard von Cotta (s. S. 44) eine sehr detailreiche geologische Karte des Königreichs Sachsen. Dieses Werk galt als vorbildlich und wurde als Mus-

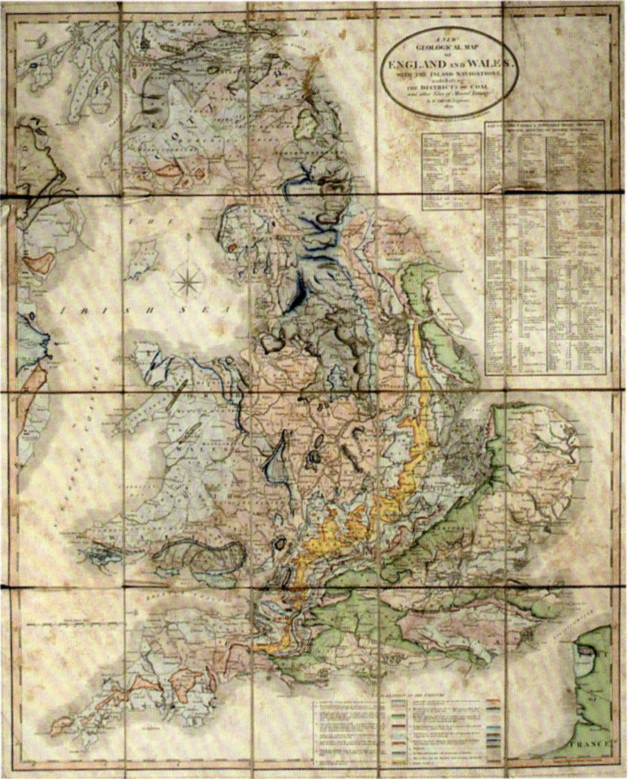

Abb. 2. Geologische Karte von England und Wales, 1815 publiziert von William Smith.

ter für viele nachfolgende Kartenwerke, wie sie später z.B. von der Preußischen Geologischen Landesanstalt herausgegeben wurden, herangezogen. Von Cotta brachte darüber hinaus die geologische Wissenschaft einem breiten Publikum näher, indem er zahlreiche Bücher veröffentliche, die auch interessierte Laien verstanden, darunter „*Geologische Bilder*" (1852), seine „*Geologie der Gegenwart*" (1866) und die „*Briefe über Humboldt´s Kosmos*" (1848–56), mit denen er auch die Forschungen Alexander von Humboldts (s. S. 34) weiter verbreitete. Humboldt war ein Universalgelehrter, der in vielen Naturwissenschaften, insbesondere aber in der physischen Geographie und Klimatologie Grundlegendes geleistet hat. Seine Arbeiten bilden den Grundstein für die moderne Geographie und Klimatologie. In Frankreich erstellte Léonce Élie de Beaumont (s. S. 46) eine geologische Übersichtskarte des Landes. Er war ein Anhänger der Kataklysmentheorie im Sinne von Cuvier. Da sich aber Gebirgsbildungen weder mit dieser Theorie noch mithilfe des Aktualismusprinzips zufriedenstellend erklären ließen, entwickelte er die Theorie des schrumpfenden Erdkörpers, die **Kontraktionshypothese**, die bis in 20. Jahrhundert hinein als tektonische Grundidee der Gebirgsbildung galt. James Dwight Dana (s. S. 48) nahm die Vorstellung vom schrumpfenden Erdkörper auf und entwickelte sie weiter. Für schmale Rinnen, in denen sich mächtige, oft viele Kilometer dicke Sedimentpakete ansammeln konnten, prägte er den Begriff der **Geosynklinale**. Auch wenn er nicht der Urheber des Konzeptes der Geosynklinale war, so prägte er doch durch diesen Begriff eine Theorie, die eine lange Zeit die tektonischen Vorstellungen in der Geologie beherrschen sollte. Urheber dieser Theorie, die als **Zyklentheorie** bekannt wurde, war Hans Stille (s.u.).

Mit paläogeographischen Zusammenhängen befasste sich Franz Kossmat (s. S. 56), der die heute noch gültige Einteilung des paläozoischen Sockels Mitteleuropas in die großtektonischen Einheiten *Rhenoherzynikum*, *Saxothuringikum* und *Moldanubikum* vornahm. Auch Kossmat war als kartierender Geologe unterwegs, was ihm eine gute geologische Grundlage für seine tektonischen Studien verschaffte. In seinem Werk „*Paläogeographie und Tektonik*" zeigte er Zusammenhänge zwischen Paläogeographie und Tektonik auf und schloss im Gegensatz zu vielen seiner Zeitgenossen den kurz zuvor von Alfred Wegener (s. u.) entwickelten mobilistischen Ansatz nicht aus.

Mitte und Ende des 19. Jahrhunderts erfuhr die Paläontologie einen bedeutenden Aufschwung. In Böhmen bearbeitete Joachim Barrande (s. S. 40) die dortige sehr reichhaltige paläozoische Fauna vom Kambrium bis ins Devon. In seinem monumentalen Werk „*Systême silurien du centre de la Bohême*" beschrieb er über 3500 verschiedene Arten mit jeweils eigenen lithographischen Darstellungen. In den USA entdeckte und benannte Henry Fairfield Osborn (s. S. 100) eine ganze Reihe von Dinosauriern, darunter erstmalig die wohl berühmtesten Dinosaurier *Tyrannosaurus rex* und *Velociraptor*. Mit seinen streng religiös ausgerichteten Ansichten zur Entwicklungsgeschichte des Menschen stieß er allerdings auf Widerstand. Er konnte es wohl aus ideologischen Gründen nicht akzeptieren, dass der Mensch von einem affenähnlichen, primitiveren Lebewesen abstammen könnte. Mitte des 20. Jahrhunderts etablierte Adolf Seilacher (s. S. 104) mit seinen fundamentalen Arbeiten zu Spurenfossilien einen bis dahin nur untergeordnet betrachteten Zweig der Paläontologie. Er sah die Paläontologie nicht nur unter dem Aspekt der Evolutionsgeschichte, sondern stellte sich immer wieder den Fragen nach dem Warum. In der von ihm so benannten Konstruktionsmorphologie beschrieb er Zusammenhänge zwischen der Entwicklung von Lebewesen und deren Aussehen, die er als Antwort auf die vorgefundenen Lebensbedingungen verstand.

Die Anfänge der Geophysik reichen zurück in das 16. und 17. Jahrhundert, als man begann sich Gedanken zur Entstehung der Gezeiten zu machen. Schon zuvor stellt Nicolaus Copernicus (1473–1543) fest, dass das Wasser der Erde sich in Vertiefungen des Bodens sammle und die Landmasse nicht im Weltmeer schwimme. Johannes Kepler (1571–1630) bereitete mit seinen Planetengesetzen die Grundlage für das von Isaac Newton (1643–1727) beschriebene **Gravitationsgesetz**. Darauf aufbauend beschrieb Pierre Bouguer (1698–1758) die später nach ihm benannten Schwereanomalien. Daraus entwickelte sich dann im Wesentlichen im 19. Jahrhundert das Prinzip der **Isostasie**, das von George Biddell Airy (1801–1892) und John Henry Pratt (1809–1871) in unterschiedlichen Modellvorstellungen beschrieben wurde. Letztlich setzte sich später ein deutlich komplexeres Modell durch, das Ansätze aus beiden Modellen zusammenführte. Die seismische Erkundung des Untergrundes begann erst Anfang des 20. Jahrhunderts. Erste funktionsfähige Seismographen existierten seit ca. 1875. Die zunächst rein mechanischen Geräte wurden ab 1904 nach und nach durch elektrodynamische Geräte ersetzt, nach deren Prinzip auch die

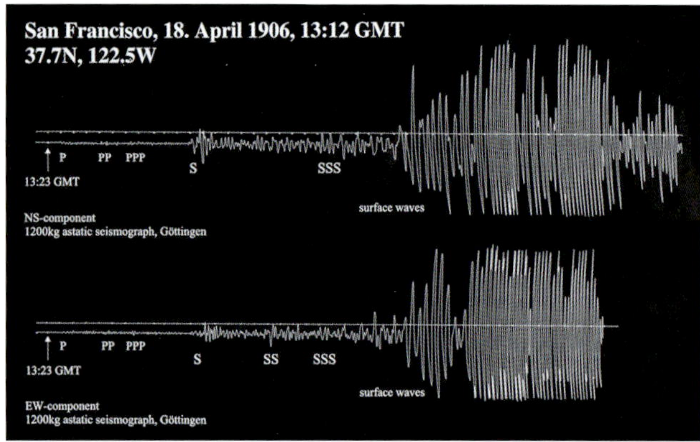

Abb. 3. Aufzeichnung des Erdbebens von San Francisco 1906 durch den ersten Göttinger Seismographen.

heute verwendeten Seismographen arbeiten. Mit dem von Emil Wiechert (1861–1928) entworfenen luftgedämpften Seismographen war es möglich, die weltweite Erdbebentätigkeit kontinuierlich aufzuzeichnen (Abb. 3).

Andrija Mohorovičić (s. S. 64) entdeckte 1910 an Seismogrammen, die 1809 bei einem Beben in Serbien aufgezeichnet wurden, dass einige P- und S-Wellen später als erwartet eintrafen. Er führte dies auf eine Grenze in 54 km Tiefe zurück, an der die Wellen gebeugt wurden. Weltweite Untersuchungen bestätigten diese Grenzfläche, die später als Mohorovičić-Diskontinuität genannt wurde. Diese in ihrer heute meist verwendeten Kurzform **Moho** genannte Grenze markiert die Untergrenze der Erdkruste zum lithosphärischen (d.h. festen) Erdmantel. Die Grenze zum Erdkern wurde, nachdem die Existenz des Kerns bereits 1906 von dem britischen Geologen Richard Dixon Oldham (1858–1936) vermutet wurde, 1914 von Beno Gutenberg (1889–1960) in einer Tiefe von 2900 km berechnet. Diese Tiefe gilt auch heute noch, allerdings geht man davon aus, dass die Grenze differiert und die 2900 km einen Mittelwert darstellen. Diese Grenze wird heute als Wiechert-Gutenberg-Diskontinuität bezeichnet. 1936 stellte Inge Lehmann (s. S. 66) fest, dass es noch einen inneren Erdkern gibt. Anhand ihrer Untersuchungen weiß man, dass der äußere Kern flüssig ist und der innere aus festem Material besteht. In den 50er Jahren entdeckte Lehmann noch eine weitere Diskontinuität in einer Tiefe von 190 bis 250 km, die heute als Lehmann-Diskontinuität bezeichnet wird. Mit Gutenberg zusammen entwickelte Charles Francis Richter (s. S. 68) 1935 die nach ihm benannte Richterskala, mit deren Hilfe es erstmalig möglich war, die Intensität von Erdbeben anhand der Seismogramme zu bestimmen. Heute wird diese Skala nicht mehr verwendet, da sie vor allem bei schwereren Beben keine vergleichbaren Werte liefert. Stattdessen werden die Erdbebenintensitäten heute mit der Momenten-Magnitude angegeben.

Ende des 19. Jahrhunderts und in der ersten Hälfte des 20. Jahrhunderts war die von de Beaumont aufgestellte Theorie des schrumpfenden Erdkörpers die von den meisten Geowissenschaftlern dieser Zeit akzeptierte Vorstellung. Eduard Suess (s. S. 50) erweiterte die von Dana formulierte Geosynklinaltheorie für die Alpen. Er sah in den nördlichen Alpen den Grund eines ehemaligen Ozeans, von dem das Mittelmeer nur noch einen kleinen Rest darstellt und nannte den heute nicht mehr existierenden Ozean **Tethys**. Er erkannte auch, dass heute getrennte Kontinente ehemals zusammengehangen haben mussten und nannte den südlichen Großkontinent **Gondwana**. Beide Begriffe, Gondwana und Tethys, werden auch heute noch verwendet, obwohl die dahinter stehenden Grundideen von Suess nicht mehr akzeptiert werden. Insgesamt hatte Suess einen enormen Einfluss auf das Gesamtverständnis der Geowissenschaften. Von ihm stammen viele übergeordnete Begriffe, die bezeugen, dass er sich vor allem mit dem Gesamtbild der Erdentstehung auseinandersetzte. Hans Stille (s. S. 54) deutete die geologische Geschichte Europas als eine wiederholte Abfolge von tektonischen und magmatischen Stadien, die er als geosynklinal, orogen, quasikratonisch und kratonisch beschrieb. Diese Stadien bildeten die Grundlage seiner Zyklentheorie. Stille war überzeugt von der Kontraktionshypothese und blieb bis zu seinem Lebensende ein entschiedener Gegner der Kontinentaldrifthypothese. Serge von Bubnoff (s. S. 58) war zu seiner Zeit zwar ebenfalls mit der Kontraktionshypothese konfrontiert und versuchte sich mit ihr zu arrangieren, doch erkannte er schon die sich in den 50er Jahren allmählich abzeichnenden Veränderungen, denen er durchaus offen gegenüberstand. Gustav Steinmann (s. S. 52) erkannte den Zusammenhang zwischen Tiefseesedimenten, pelagischen Kalken und magmatischen Gesteinen wie serpentinisierten Peridotiten, Gabbros und Basalten. Diese als „Steinmann-Trinität" in die geowissenschaftliche Literatur eingegangene Beziehung war ein wichtiger Schritt auf dem Weg zur Theorie der Plattentektonik, nimmt sie doch die Gesteinsabfolge eines später so benannten **Ophioliths** vorweg. Sowohl Hans Cloos (s. S. 60) als auch Franz Lotze (s. S. 62) stammten aus der Stille´schen Tradition, die als Fixisten galten. Cloos erforschte die Grabenbruchtektonik anhand von Modellversuchen und beschäftigte sich mit Bewegungsrichtungen in magmatischen Körpern, die er als Granittektonik zusammenfasste. Lotze befasste sich mit Themen, die später unter plattentektonischen Aspekten ganz in seinem Sinne interpretiert wurden. Er nahm mit seiner Deutung komplexer Bewegungen von tektonischen Schollen in Dehnungsgebieten die Funktionsweise von Spreizungszonen und Tripelpunkten vorweg. Sowohl Lotze als auch Cloos erarbeiteten tektonische Konzepte, die auch im Licht der plattentektonischen Theorie ihre Gültigkeit nicht verloren haben.

Zu Beginn des 20. Jahrhunderts kamen insbesondere auf dem Gebiet der Tektonik eine ganze Reihe von neuen Ideen auf, darunter der Deckenbau in den Alpen oder die sich bewegenden Kontinente. Die Grundidee der plattentektonischen Theorie stammt von Alfred Wegener (s. S. 70), der sie als **Kontinentaldrifttheorie** bezeichnete (Abb. 4). Die Veröffentlichung seiner Thesen erfolgte erstmalig 1912 in einem Vortrag vor der Deutschen Geologischen Gesellschaft und in seiner Publikation von 1915: *„Die Entstehung der Kontinente und Ozeane"*. Wegener war zwar nicht der erste, dem die Passform der südamerikanischen Ostküste mit der afrikanischen Westküste auffiel, doch gelang es ihm, eine Reihe von Argumenten zusammenzutragen, die auf einen früheren zusammenhängenden Urkontinent, den er *Pangäa* nannte, hinwiesen. Er stellte damit die Landbrückenhypothese, die bis dahin zur Erklärung gleicher Faunen oder Floren auf den entfernten Kontinenten herangezogen wurde, in Frage.

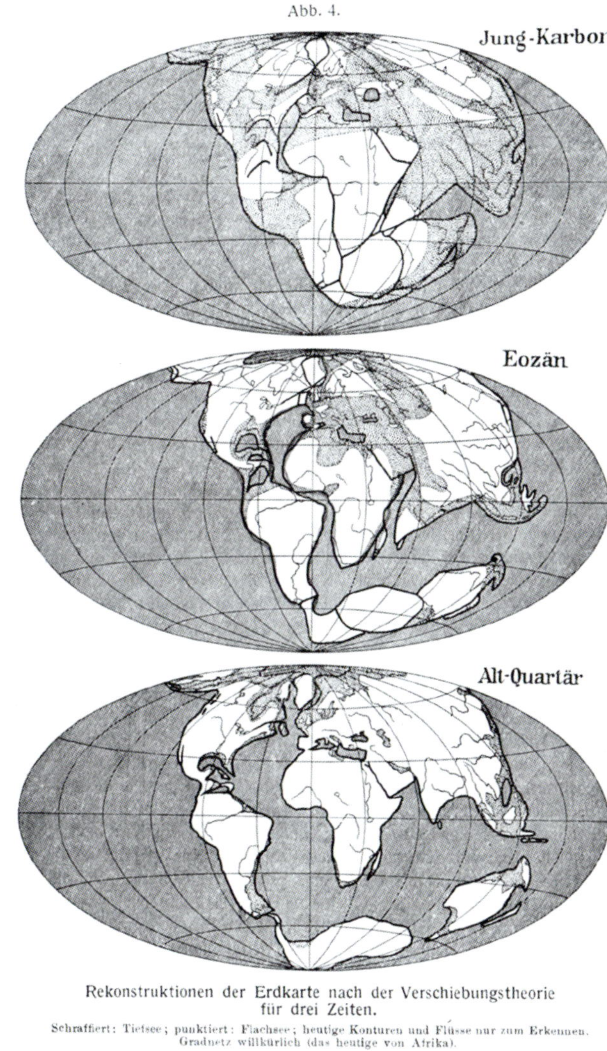

Abb. 4. Kontinentaldrifttheorie nach Wegener (4. Auflage, 1929).

Er konnte nachweisen, dass ein Versinken der Landbrücken aufgrund der physikalischen Gegebenheiten der Isostasie nicht möglich ist. Ähnlichkeiten von Gesteinsformationen und identische Faunen- und Florenvergesellschaftungen von gleichaltrigen Fossilien lieferten ihm Argumente für die frühere Zusammengehörigkeit der Kontinente. Die Nord-Süd-Verschiebung der Kontinente konnte er anhand von klimatisch bedingten Zeugen nachweisen: in der Antarktis finden sich Kohlen, die sich nur unter tropischen Bedingungen bilden können, andererseits gibt es in der Sahara durch Gletscher gebildete Sedimente, die sich heute in der Nähe des Äquators befinden. Seine Rekonstruktion der Kontinentalverschiebung zeigt insbesondere für die Karbonzeit die am Südpol konzentrierte Position der heute auf allen Südkontinenten verteilt liegenden Gletscherspuren. Komplementär dazu ordnen sich die Kohlevorkommen um den damaligen Äquator herum an.

Wegener hatte aber ein Problem damit, die Ursache für die Kontinentalverschiebung zu erklären. Diesem Umstand ist es zu schulden, dass es noch weitere 50 Jahre brauchte, bis sich die Theorie der Plattenverschiebung schließlich durchsetzen konnte. Wegener hatte in seinen letzten Jahren das Grundprinzip der Spreizung an einem mittelozeanischen Rücken eigentlich schon vorausgeahnt, allerdings brachte er die Neubildung ozeanischer Kruste noch nicht als formenden Faktor mit ein. Zunächst betrachtete er die Kontinente als „schwimmende" Blöcke auf einer Unterlage aus ozeanischer Kruste. Als Beleg dienten ihm die jungen Faltengebirge, die ähnlich einer Bugwelle an den Stirnseiten der wandernden Kontinente entstanden. Ihm wurde aber insbesondere von Kossmat entgegengehalten, dass die ozeanische Kruste viel zu fest sei, als dass die Kontinente einfach „hindurchpflügen" könnten. Basierend auf der **Unterströmungstheorie** von Otto Ampferer (s. S. 74), die dieser bereits 1906 zur Erklärung großer tektonischer Deckenbewegungen in den Alpen formuliert hatte, brachte Robert Schwinner (1878–1953) thermisch bedingte Strömungen im Erdinneren ins Spiel, auf die Wegener in der 4. Auflage seines Werkes über die Kontinentalverschiebung einging.

Dieser Prozess wird heute im Allgemeinen als Motor der Plattenbewegungen angesehen. Wegener erlebte den Durchbruch seiner Theorie nicht mehr mit, denn er kam nur ein Jahr nach der Veröffentlichung seiner 4. Auflage in Grönland ums Leben. Arthur Holmes (s. S. 76) entwarf, basierend auf seinen Studien zur Radioaktivität und geologischen Zeiträumen, bereits 1919 ein Modell, bei dem die Kontinente, die auf dem Mantel aufliegen, durch die **Konvektionsströmungen** in einer extrem langsamen Bewegung transportiert werden (Abb. 5). Auch Émile Argand (s. S. 72) kam schon bald nach der Veröffentlichung der Wegener´schen Kontinentaldrifttheorie zu der Ansicht, dass dies der Motor für Gebirgsbildungen sei. Das von ihm als mobilistisch (im Gegensatz zu fixistisch) bezeichnete Konzept nutzte er als Rahmen für eine neue Interpretation der Entwicklung des Himalayas. Er vermutete, dass sich Indien unter Eurasien schob und damit den Himalaya hochdrückte. Der südafrikanische Geologe Alexander Logie du Toit (s. S. 78) führte auf beiden Seiten des Atlantiks in Namibia und Südafrika auf der afrikanischen Seite sowie in Argentinien, Paraguay und Brasilien auf der südamerikanischen Seite vergleichende Studien in ähnlichen Gebirgsformationen durch. Die Ergebnisse zeigten ihm, dass die Strukturen sich unmittelbar fortsetzen und er wurde deswegen zu einem der frühesten Befürworter der Thesen Wegeners.

In den 50er Jahren entdeckte man anhand der Lokation von tiefen Erdbeben die Subduktionszonen. Sie wurden völ-

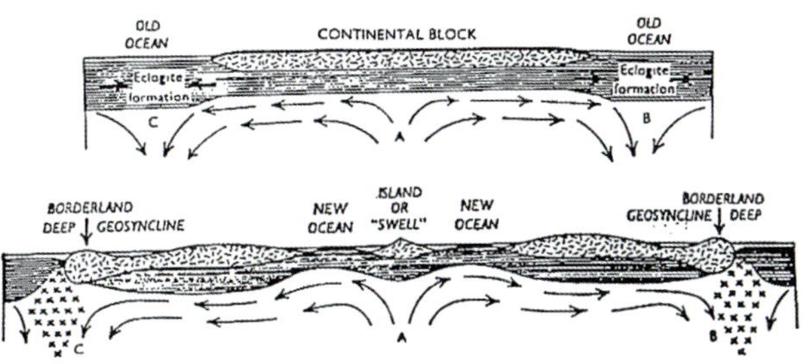

Abb. 5. Konvektionsströmungen als Motor der Plattenbewegungen nach Holmes, 1919.

Abb. 6. Ozeanbodenkarte des Atlantiks, 1968 publiziert von Bruce Heezen und Marie Tharp.

lig unabhängig von dem Amerikaner Hugo Benioff (1899–1968) und dem Japaner Kiyoo Wadati (1902–1995) entdeckt, weshalb man die in den Erdmantel abtauchende Zone heute als **Wadati-Benioff-Zone** bezeichnet. Die Entdeckung dieser Zonen war ein wichtiger Schritt auf dem Weg zur Plattentektonik. Maurice Ewing (s. S. 80) war ein äußerst kreativer Geophysiker, der sich vor allem mit der Verbesserung geophysikalischer Messmethoden im marinen Bereich beschäftigte. Er konnte nachweisen, dass die ozeanische Kruste in allen Ozeanbecken gleich aufgebaut ist, sich aber fundamental von der kontinentalen Kruste unterscheidet. Zusammen mit seinen Mitarbeitern Bruce Heezen (1924–1977) und Marie Tharp (s. S. 82) erstellte er die ersten detaillierten morphologischen Karten der Ozeane (Abb. 6). Zwar hatte er selbst noch lange Zweifel an den Deutungen insbesondere von Marie Tharp, bekannte sich aber schließlich auch zu der Interpretation der weltweit vorkommenden zentralen Grabenstrukturen als Riftgräben auf den mittelozeanischen Rücken.

Harry Hammond Hess (s. S. 84) entdeckte während seiner U-Boot Fahrten im Zweiten Weltkrieg, bei denen er kontinuierliche Echolot-Aufzeichnungen erstellte, versunkene Atolle, die er als Guyots bezeichnete (Abb. 7). 1960 entwickelte er das Konzept der **Ozeanbodenspreizung**, wonach an langgestreckten Rücken, die sich über die gesamten Ozeane der Welt hinweg verfolgen lassen, kontinuierlich neue ozeanische Kruste entsteht. Er stellte dies auch in einen Zusammenhang mit den Tiefseerinnen über den Subduktionszonen, in denen die ozeanische Kruste wieder in den Erdmantel hineingezogen wird. Hess war aber auch klar, dass die nötigen geophysikalischen Beweise für sein Konzept noch fehlten. Gleichzeitig, jedoch unabhängig von Hess formulierte auch Robert Dietz (s. S. 88) das Konzept der Ozeanbodenspreizung, die er erstmalig als „*seafloor spreading*" bezeichnete, der Begriff für diesen Vorgang, der auch heute noch dafür verwendet wird. Die Nachweise für die Ozeanbodenspreizung erbrachten schon kurze Zeit später Frederick Vine (s. S. 92) und Drummond Matthews (s. S. 90) mit ihren Arbeiten zu den parallel zum mittelozeanischen Rücken angeordneten magnetischen Anomalien. Das Konzept der Ozeanbodenspreizung verhalf damit der zu dieser Zeit immer noch vielfach abgelehnten Theorie der Kontinentaldrift von Alfred Wegener schließlich zu ihrem Durchbruch. John Tuzo Wilson (s. S. 86), anfangs noch ein Anhänger der Kontraktionshypothese, wurde zu Beginn der 60er Jahre ein glühender Verfechter der **Plattentektonik**. Er erkannte, dass große Störungssysteme wir die Great Glen Fault in Schottland und die Cabot Fault in Kanada vor der Öffnung des Atlantiks zu einem gemeinsamen Störungssystem gehörten. Außerdem stellte er fest, dass es neben den mittelozeanischen Rückensystemen eine weitere Quelle für Vulkanismus geben musste, der zur Bildung von untermeerischen Bergen und Inseln führte. Er schlug das Konzept des ortsstabilen **Hotspots** vor, mit dem es z.B. anhand der Inselkette von Hawaii und der dazugehörigen Emperor-Seamountkette möglich war, Plattenbewegungsrichtungen und -geschwindigkeiten zu berechnen. Sein wichtigster Beitrag zur Theorie der Plattentektonik war jedoch die Erkenntnis der **Transformstörungen** als verbindendes geometrisches Element. An Transformstörungen werden divergente oder konvergente Plattenbewegungen in laterale Bewegungen entlang der Transformstörungen umgewandelt (transformiert). Schließlich beschrieb Wilson das Entstehen und Vergehen eines Ozeans im Sinne eines Zyklus. Er beschrieb, wie sich ein Ozean öffnet und am Ende auch wieder schließt – ein sich ständig wiederholender Prozess, der heute in der Plattentektonik als **Wilson-Zyklus** bezeichnet wird.

Jason Morgan (s. S. 94) definierte 1968 drei fundamentale Typen von Plattengrenzen, die mittelozeanischen Rücken, die Subduktionszonen und die Transformstörungen (Abb. 8). Diese Arbeit gilt neben der Veröffentlichung von Bryan Isacks (*1936), John Ertle Oliver (1923–2011) und Lynn Sy-

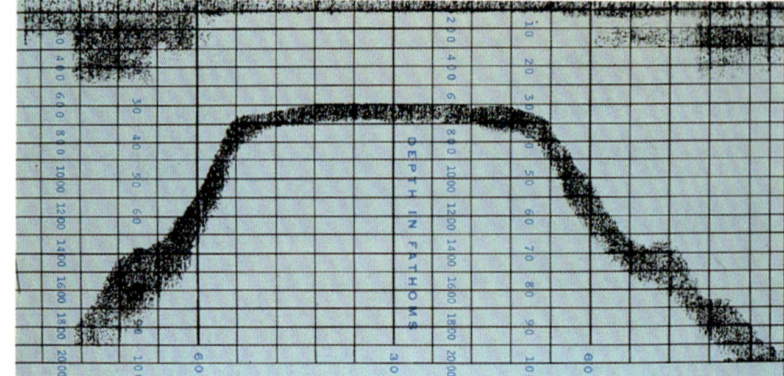

Abb. 7. Historische Echolot-Aufzeichnung des ersten von Harry Hess entdeckten Guyots, vermutlich in der Nähe des Eniwetok-Atolls.

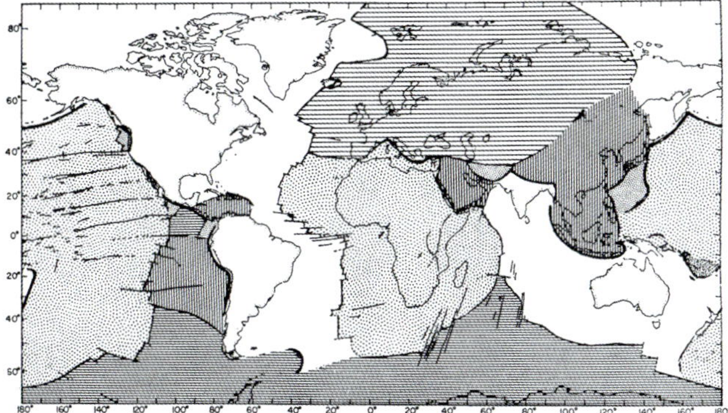

Abb. 8. Verteilung der Lithosphärenplatten nach Morgan, 1968.

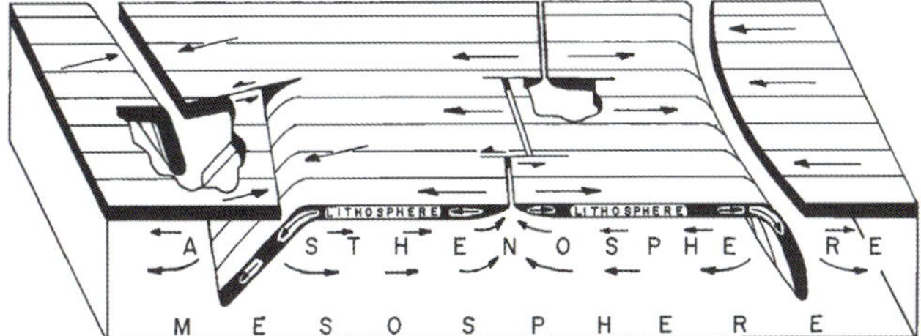

Abb. 9. Zusammenfassendes Modell der Plattentektonik nach Isacks et al. 1968.

kes (*1937) (Isacks et al., 1968), als eines der ersten umfassenden Werke, in dem die Erkenntnisse zur Plattenbewegung und deren Auswirkungen in einem allgemeingültigen Konzept zusammengefasst wurden (Abb. 9).

Die neuen Erkenntnisse der Plattentektonik sollten mithilfe eines großangelegten wissenschaftlichen Bohrprogramms untermauert werden. Zu diesem Zweck wurde 1968 das „Deep Sea Drilling Project" (DSDP) aus der Taufe gehoben, das dem ausschließlichen Zweck der wissenschaftlichen Erforschung des Meeresbodens diente. Mit dem Forschungsschiff Glomar Challenger war man in der Lage, in Wassertiefen von über 2000 m kilometertiefe Bohrlöcher in den Meeresboden zu bohren und die Kerne für die Probennahme zu bergen (Abb. 10). 1983 wurde die Glomar Challenger durch die Joides Resolution ersetzt, die auch in flachen Meeresbereichen bohren konnte. Das Programm nannte sich fortan „Ocean Drilling Program" (ODP). Die Joides Resolution ist bis heute im gegenwärtig als „International Discovery Program" (IODP) benannten Projekt unterwegs. Eugen Seibold (s. S. 98) beschäftigte sich innerhalb dieses Programms vor allem mit sedimentologischen und mikropaläontologischen Fragestellung und war maßgeblich daran beteiligt, dass das DSDP-Projekt durch das technisch deutlich besser ausgestattete ODP-Projekt ersetzt wurde.

Mit den Bohrkernen wuchsen auch die Erkenntnisse über die marinen Sedimente. Die von Arnold Bouma (s. S. 102) 1962 beschriebene und nach ihm benannte Bouma-Sequenz, mit der der generelle Aufbau turbiditischer Sedimente in einer charakteristischen Abfolge von gradierten Sedimenten beschrieben wird, wurde und wird in den Bohrkernen des DSDP/ODP/IODP-Programms immer wieder nachgewiesen.

John Dewey (s. S. 96) war einer der ersten, der das plattentektonische Konzept konsequent auf alte Orogene übertrug. Er erkannte den Zusammenhang zwischen den Appalachen auf der einen Seite des Atlantiks und dem kaledonischen Gebirge auf der anderen Seite und entwarf ein plattentektonisches Modell für die Entwicklung dieses Orogens im Sinne der Plattentektonik. Auf ihn geht auch die heutige allgemein gebräuchliche Bezeichnung „Plattentektonik" für die Theorie der beweglichen Lithosphärenplatten zurück.

Ende der 70er Jahre stellte Walter Alvarez (s. S. 106) zusammen mit seinem Vater Luis Walter Alvarez (1911–1988), Frank Asaro (1927–2014) und Helen Michel (*1932) an der

Abb. 10. Das von 1968 bis 1983 im Rahmen des Deep Sea Drilling Projects (DSDP) eingesetzte Forschungsschiff „Glomar Challenger".

Kreide-Paläogen-Grenze, an der ein Massenaussterbeereignis stattfand, eine auf der ganzen Welt nachweisbare Iridium-Anomalie fest. Iridium kommt in Asteroiden häufig vor, ist aber auf der Erde sehr selten und daher sicher nicht vulkanischen Ursprungs. Sie schlossen daraus, dass es sich um die Auswirkung eines **Asteroidenimpakts** handeln muss. Damit war die Hypothese des Asteroideneinschlags als Ursache für das Aussterben von etwa dreiviertel aller Tier- und Pflanzenarten, darunter der Dinosaurier, geboren. Eine Bestätigung erfuhr diese Theorie, als zehn Jahre später an der Küste des nördlichen Yucatán/Mexiko der Chicxulub-Krater nachgewiesen wurde, der zeitlich genau an die Kreide-Paläogen-Grenze datiert wird. Kurz vor dem Asteroideneinschlag kam es in Indien zur Bildung der mehrere Kilometer mächtigen Dekkan-Trapp-Basalte. Dieses Ereignis dauerte über eine halbe Million Jahre und hatte sicherlich einen ähnlich hohen Einfluss auf die Entwicklung der Lebewelt wie der Asteroideneinschlag. Es ist bis heute nicht klar, welches der beiden Ereignisse den gewichtigeren Anteil am Massenaussterben an der Kreide-Paläogen-Grenze hatte.

Georgius Agricola

* 24. März 1494 in Glauchau, † 21. November 1555 in Chemnitz

Georgius Agricola wurde 1494 mit seinem ursprünglichen Namen Georg Pawer (Pawer ist die altertümliche Bezeichnung für Bauer) als zweites von sieben Kindern eines Tuchmachers und Färbers in Glauchau geboren. Seine Jugendzeit ist bis auf seinen Wechsel in eine Lateinschule im Alter von 12 Jahren nicht gut dokumentiert. Er beginnt 1514 ein Studium der Philosophie und alte Sprachen in Leipzig, das er 1518 mit dem Baccalaureus artium abschließt. Zunächst wurde er in Zwickau als Lateinlehrer Leiter einer Schule, bevor er 1522 ein weiteres Studium, die Medizin, in Leipzig aufnahm. In den folgenden Jahren ging er an die Universitäten von Bologna und Padua und arbeitete eine Zeit lang bei einem Verlag in Venedig. 1526 kam er zurück nach Chemnitz.

In Chemnitz heiratete er die Witwe Anna Meyner und ließ sich als Arzt und Apotheker im böhmischen St. Joachimsthal (heute Jáchymov in Tschechien) nieder. Später war er als Stadtarzt in Chemnitz tätig und wurde dort mehrmals Bürgermeister der Stadt. Im sächsischen Staat hatte er gleichzeitig die Position eines Hofhistoriographen inne. Er entwickelte sich in dieser Zeit mehr und mehr zu einem Universalgelehrten der Naturwissenschaften und der Philologie. Seine humanistische Ausrichtung zeigt sich darin, dass er, dem Rat seines Leipziger Professors Petrus Mosellanus folgend, seinen Namen latinisierte und sich fortan Georgius Agricola nannte. Bei den Gelehrten seiner Zeit war dies ein durchaus übliches Vorgehen.

Agricola heiratete zweimal und hinterließ mindestens sechs Kinder. 1540 starb seine erste Frau und 1542 heiratete er die 30 Jahre jüngere Anna Schütz. Mit dieser Heirat wurde er zu einem Mitglied der reichsten Chemnitzer Familien. Georgius Agricola starb 1555 in Chemnitz, wurde aber in der Schlosskirche von Zeitz beigesetzt, weil es ihm als katholisch gebliebenem Gelehrten verwehrt wurde, in Chemnitz, einer Hochburg der Protestanten, beerdigt zu werden.

Agricola fasste das geologische und mineralogische Wissen seiner Zeit zusammen und begründete so mit mehreren Werken die Geowissenschaften. Er gilt dabei insbesondere als der Vater der Mineralogie. Er hat sich zwar überwiegend mit mineralogischen Forschungen befasst, verlor aber auch die anderen Gebiete nicht aus den Augen. Seine ersten Werke stammen bereits aus den 1530er Jahren, in denen er Verfahren zur Erzauffindung und Metallgewinnung beschreibt. Sein erstes Werk, „*Bergmannus, sive de re metallica*“ ist eine Abhandlung über die Erzfindung, deren Verarbeitung und die Gewinnung von Metallen, wie sie mit den fortschrittlichsten Methoden seiner Zeit möglich war. An seinem damaligen Wohnort St. Joachimsthal, das sich gerade zu seiner Zeit zu einem Zentrum des Silbererzbergbaus entwickelte, kam er in einen engen Kontakt mit dem Bergbau und beschäftigte sich in der Folgezeit intensiv mit diesem Thema. Die Bergbautechnik, das Markscheidewesen und der Transport sowie die Aufbereitung und Verarbeitung der Erze gehörten zu seinen Themen. Auch berichtete er in seinen Büchern, dem Zeitgeist entsprechend, über Kobolde und Drachen in den Bergbaugruben. Nebenbei beschäftigte er sich mit griechischen und römischen Maßen und Gewichten. Zu seiner Zeit gab es keine einheitlichen Maße, was insbesondere für den Handel sehr hinderlich war und bei den Beschreibungen der Erzaufbereitung Schwierigkeiten bereitete.

1546 veröffentlichte Agricola sein zehn Bücher umfassendes Werk „*De natura fossilium libri X*“, in dem er das geologische und mineralogische Wissen seiner Zeit zusammenfasste. Diese Bücher stellen das erste umfassende Handbuch der Mineralogie dar, das einem wissenschaftlichen Anspruch gerecht wird. Es ist zu beachten, dass man zur Zeit Agricolas unter dem Begriff Fossilien nicht nur in Sedimenten und Gesteinen überlieferte Lebewesen verstand, sondern darunter auch die Minerale und Gesteine eingruppierte. Die Trennung dieser Begriffe fand erst zu einem wesentlich späteren Zeitpunkt statt. In den Büchern beschrieb Agricola Vorkommen und Eigenschaften von Mineralen sowie deren Gewinnung und Verarbeitung. Er klassifizierte die Minerale anhand der einfach nachprüfbaren physikalischen Eigenschaften wie Form, Farbe, spezifisches Gewicht (Dichte), Transparenz und Glanz. Die Bücher behandeln Minerale, Salze, Erden, Edelsteine, Schlacken und Mineralgemische.

Das Hauptwerk Agricolas, „*De re metallica libri XII*“, stellt eine umfassende technologische Beschreibung des Bergbau- und Hüttenwesens zu Beginn des 16. Jahrhunderts dar. Über zwei Jahrhunderte hinweg blieb es das maßgebliche Werk auf dem Gebiet des Montanwesens und wurde 1556, ein Jahr nach dem Tod Agricolas, in lateinischer Sprache veröffentlicht. Agricolas Freund Philippus Bechius (1521–1560), der als Professor an der Universität Basel tätig war, übertrug es unter dem Titel „*Vom Bergkwerck XII Bücher*“ schon 1557 ins Deutsche. Später wurde es auch noch in viele andere Sprachen übersetzt.

In seinem Hauptwerk beschreibt Agricola systematisch die Arbeit der Berg- und Hüttenleute im 16. Jahrhundert. Das gesamte Berg- und Hüttenwesen wird dargestellt: der Bergbau im Vergleich zu anderen Gewerben, die Erschließung von Rohstoffen einschließlich der bergrechtlichen Gegebenheiten, das Markscheidewesen, der Ausbau von Bergwerken mit Schächten und Gängen, die Maschinen des Bergbaus, die Erzaufbereitung, die Metallgewinnung einschließlich der Darstellung von Schmelzofentechniken, die Abscheidung von Edelmetallen, die Salz-, Schwefel- und Bitumengewinnung und die Herstellung von Glas. Agricola untersucht wissenschaftlich, indem er versucht objektive Eigenschaften zu erkennen und unterwirft alle Überlieferungen und alchemistische Anleitungen einer strengen Prüfung auf deren Wahrheitsgehalt. Das macht die Beschreibungen Agricolas so einzigartig, dass sie über Jahrhunderte hinweg das Basiswissen vor allem im Bergbauwesen darstellten.

Nicolaus Steno(nis)

* 11. Januar 1638 in Kopenhagen, Dänemark, † 5. Dezember 1686 in Schwerin

Nicolaus Steno(nis) wurde 1638 unter seinem ursprünglichen Namen Niels Stensen als Sohn eines Goldschmieds in Kopenhagen geboren und lutherisch getauft. Nach seiner Schulzeit an einer Lateinschule begann er 1656 ein Medizinstudium an der Universität Kopenhagen. Bei Auslandsaufenthalten u.a. in Amsterdam, Paris, Montpellier und Pisa erwarb er sich ein umfangreiches Wissen und machte schon 1660 durch Vorlesungen und anatomische Demonstrationen auf sich aufmerksam. Nachdem ihm von der Universität Leiden der Titel eines Doktors der Medizin verliehen wurde, reiste er 1666 nach Florenz, wo ihn Ferdinand II. von Medici zu seinem Leibarzt machte. In dieser Zeit kam Steno auch in Kontakt mit geologischen und paläontologischen Forschungen. 1668 wurde er Mitglied der „Accademia della Crusca". Im Anschluss daran unternahm er mit großzügiger Unterstützung durch Ferdinand II. von Medici eine dreijährige geologische Forschungsreise durch Südeuropa.

Zurückgekehrt nach Florenz vertiefte er seine intensiven Studien zu theologischen Fragen, die ihn schon 1667 dazu brachten, zur katholischen Kirche zu konvertieren. 1672 kam Steno als königlicher Anatom und Universitätslehrer zurück nach Kopenhagen; er blieb dort jedoch nur zwei Jahre, weil sich die konfessionellen Differenzen nicht beseitigen ließen und Steno außerdem in den Dienst der Kirche eintreten wollte. 1674 kehrte er deshalb nach Florenz zurück, wo er 1675 zum Priester geweiht wurde. Nur zwei Jahre später wurde er in Rom zum Titularbischof geweiht und auf Wunsch des Hannoverschen Herzogs Johann Friedrich als Vikar für die katholischen Gemeinden in Norddeutschland und Skandinavien nach Hannover entsandt. Dort traf er auf Gottfried Wilhelm Leibniz (1646–1716), mit dem er zahlreiche Diskussionen führte, bei denen sie sich aber vor allem über Glaubensfragen nicht einigen konnten. Da in Hannover nach dem Tod Johann Friedrichs und der Übernahme der Herrschaft durch seinen lutherischen Bruder das Vikariat seinen Rückhalt verlor, wurde Steno auf Wunsch des Fürstbischofs von Paderborn als Weihbischof nach Münster entsandt. Dort setzte er sich vehement für Arme, Bettler und in Not geratene Menschen ein. Er versuchte die weitverbreitete Korruption im Klerus einzudämmen, konnte sich aber gegen Ämterkauf und Disziplinlosigkeit nicht durchsetzen. 1683 verließ er Münster und ging nach Hamburg, wo er sich mit seinen mahnenden und schlichtenden Worten ebenfalls kein Gehör verschaffen konnte. 1685 ging er schließlich als einfacher Priester nach Schwerin, wo ihm allerdings nur noch eine kurze Schaffensperiode blieb. 1686 starb er in Schwerin an einer schweren Gallenkolik. Beigesetzt wurde Steno nicht in Schwerin, sondern in Florenz, wohin ihn sein Hamburger Freund, der niederländische Anatom Theodor Kerckring (1638–1693) überführen ließ. 1988, dreihundert Jahre nach seinem Tod, wurde Nicolaus Steno durch Papst Johannes Paul II. seliggesprochen. Sein kirchlicher Gedenktag ist der 25. November.

Wie es zu seiner Zeit unter Gelehrten üblich war, latinisierte Niels Stensen, wie er mit Geburtsnamen hieß, seinen Namen in Nicolaus Stenonis. Die heute allgemein gebräuchliche, kurze Form Steno stammte nicht von Nicolaus Steno selbst, sondern wurde erst viel später in Neuauflagen seines Werkes verwendet. Sie fußte auf dem Irrtum, dass Stenonis eine Genitivform von Steno sei. Der Genitiv ist aber bereits im dänischen Namen Stensen enthalten, was so viel bedeutet wie Sohn des Sten – ins Lateinische übersetzt (filius) Stenonis. Heute jedoch hat sich die eigentlich falsche und von Steno(nis) nie verwendete Form Steno allgemein durchgesetzt.

Bekannt wurde Nicolaus Steno zunächst als Anatom. So entdeckte er die Ohrspeicheldrüse, die als „Ductus stenonianus" nach ihm benannt ist. Außerdem erkannte er, dass das Herz ein Muskel ist, der wie eine Pumpe arbeitet. Neben all seinen medizinischen und theologischen Studien interessierte er sich aber auch sehr für die Geologie, Mineralogie, hier vor allem für die Kristallographie, und die Paläontologie.

Steno studierte die Naturwissenschaften als unabhängiger, kritischer Geist, der sich nicht auf die althergebrachten Weisheiten verließ, sondern seine eigenen Forschungen in den Vordergrund stellte. Seiner Zeit entsprechend veröffentlichte er in lateinischer Sprache.

In der Paläontologie legte Steno 1667 mit seinem Werk „*Canis carchariae dissectum caput*" die Grundlagen für die Erkenntnis, dass Fossilien Überreste von Lebewesen sind und nicht, wie bis dahin angenommen, Launen der Natur („Lusus naturae"). Er untersuchte die sog. Zungensteine und belegte, dass es sich dabei um fossile Haifischzähne handelt. 1668 wurde er aufgrund seiner paläontologischen Studien in die Florentiner Accademia della Crusca aufgenommen.

Das stratigraphische Grundgesetz, das auch als Lagerungsregel bezeichnet wird, beschreibt das grundlegende Prinzip der Stratigraphie. Es besteht aus drei Teilen, (1) dem Prinzip der Horizontbeständigkeit (Gesteine mit gleichen Eigenschaften an verschiedenen Orten gehören zur selben Gesteinsschicht), (2) dem Prinzip der ursprünglichen Horizontalität und (3) dem Prinzip der Überlagerung (Sedimente werden in einer zeitlichen Reihenfolge vom älteren, unten liegenden, zum jüngeren, oben liegenden Sediment, abgelagert). Steno formulierte diese Prinzipien erstmalig in seinem Hauptwerk „*De solido intra solidum*" (Vom Festen im Festen) und erkannte damit, dass das Alter einer Sedimentschicht stets nach oben hin abnimmt, auch wenn er damit nur das relative, nicht aber das absolute Alter der Schichten bestimmen konnte. Nicht horizontal liegende, manchmal sogar senkrecht stehende Sedimentschichten erklärte er folgerichtig mit Hilfe von Deformationen, die nach der Bildung des Gesteins stattgefunden haben mussten. Aufgrund dieser fundamentalen Erkenntnisse, die einen nachhaltigen Einfluss auf die damalige Welt der Wissenschaft hatten, bezeichnete Alexander von Humboldt Steno auch als „Vater der Geologie".

James Hutton

* 3. Juni 1726 in Edinburgh, Schottland, † 26. März 1797 in Edinburgh, Schottland

James Hutton wurde 1726 als Sohn des Kaufmanns William Hutton und seiner Frau Sarah Balfour in Edinburgh, Schottland, geboren. Sein Vater starb schon 1729, er hinterließ der Familie aber ein ansehnliches Vermögen, so dass Hutton die High School in Edinburgh und später die dortige Universität besuchen konnte. Er studierte zunächst Geisteswissenschaften, Logik, Mathematik, Physik und Geographie. Nach einer kurzen Unterbrechung mit einer Lehre bei einem Anwalt nahm er erneut ein Studium auf, sein Interesse verlagerte sich jedoch. Von 1744 bis 1747 studierte er Medizin und Chemie in Edinburgh und später in Paris und Leiden in den Niederlanden, wo er 1749 seinen Abschluss machte. Ob er jemals als Arzt tätig war, ist allerdings umstritten.

Nach seinem Studium zog es ihn aufs Land, wo er 14 Jahre lang eine Farm betrieb, bevor er 1768 wieder nach Edinburgh zurückkehrte. Während dieser Zeit produzierte und vertrieb er mit seinem Freund John Davie nach einem gemeinsam entwickelten Verfahren Ammoniak-Dünger. Die Arbeit auf seiner Farm brachte ihn in einen engen Kontakt mit der Natur und dem Wirken der jahreszeitlichen Kräfte. Hutton machte sich Gedanken darüber, wie es dazu kam, dass sich Böden trotz der zerstörerischen Kräfte von Wind und Wasser immer wieder neu bildeten. Er erkannte, dass die Landschaft einem ständigen Wandel unterworfen war und begann in dieser Zeit seine wissenschaftlichen Beobachtungen zum gerade erst neu entstandenen Fachgebiet Geologie.

Hutton liebte es, Objekte zu beobachten und ihre Geschichte zu ergründen. Er las lieber in den Steinen als in Büchern, wie er es ausdrückte. Er interessierte sich für Gesteine und Fossilien und registrierte, dass im Meer gebildete Muschelschalen heute in großen Höhen zu finden sind. Er beobachtete Sedimentationsprozesse und erkannte deren Langsamkeit. Vor allem aber erkannte er den dahinter stehenden, sich immer wiederholenden prozessualen Kreislauf von der Gesteinsentstehung bis hin zu deren Zerstörung, den er als den großen geologischen Zyklus bezeichnete.

Mit seinen Überlegungen zur Entstehung der Gesteine und Böden stellte sich Hutton gegen die Meinung der Kirche, die zu dieser Zeit noch stark von den biblischen Vorstellungen der Schöpfung geprägt war. Die Entstehung der Erde lag danach gerade mal knapp 6000 Jahre zurück: so datierte der irische Erzbischof James Ussher (1581–1656) anhand seiner Bibelstudien die Entstehung der Erde auf den 22. Oktober 4004 v. Chr. Die Fossilien galten als Überreste von Tieren, die infolge der Sintflut verschwanden.

Hutton setzte diesen Vorstellungen seine eigenen Überlegungen entgegen. Er beschrieb in seiner Veröffentlichung „*Theory of the Earth*“ 1788 einen kontinuierlichen Kreislauf, bei dem Lockermaterialien ins Meer geschwemmt und dort sedimentiert und kompaktiert werden. Durch vulkanische Prozesse werden sie wieder an die Oberfläche gehoben, wo sie verwittern und erneut zu Sedimenten werden. Einer seiner wichtigsten Beweise war die Gesteinsabfolge an einem Kliff in der Nähe von Siccar Point in Berwickshire, Schottland, wo vertikal stehende Lagen von dunklen Tonsteinen von horizontal liegenden roten Sandsteinen überlagert werden – nach heutiger Lesart eine klassische Winkeldiskordanz. Hutton erkannte, dass sich die Tonsteine als Sedimente ablagerten und danach herausgehoben und verkippt wurden. In der Folge wurden sie erodiert und gerieten erneut unter Wasserbedeckung, was zur Ablagerung der roten Sandsteine führte. In Erinnerung an die Erkenntnis dieser fundamentalen geologischen Prinzipien wird die Grenze zwischen den verschiedenen Gesteinstypen am Siccar Point heute als „Hutton Unconformity“ bezeichnet.

Ein weiteres heute nach wie vor gültiges Konzept wurde ebenfalls von Hutton entwickelt. Seine Theorie des „Uniformitarianismus“ besagt, dass die meist sehr langsam wirkenden geologischen Kräfte, die wir heute mit ihren Auswirkungen beobachten können, in der Vergangenheit ähnlich wirkten. Deshalb ist es möglich, z.B. aus heutigen Sedimentationsraten auf die Entstehungsdauer von Sedimentgesteinen zu schließen. Hutton erkannte, dass dies Zeiträume sein müssen, die mit den Vorstellungen einer Erdentstehung vor 6000 Jahren und dem Glauben, dass nur Katastrophen wie z.B. die Sintflut in der Lage sind, die Erde zu formen, nicht vereinbar waren. Die Kataklysmentheorie wurde endgültig allerdings erst 70 Jahre später von Charles Lyell (s. S. 24) widerlegt. Zu Lebzeiten Huttons gab es zwischen den Plutonisten – Gesteine entstehen im Erdinneren durch vulkanische Kräfte – und den Neptunisten – Gesteine entstehen im Wasser durch Ablagerung und Auskristallisation – einen heftigen Disput, der erst viele Jahre später geklärt werden konnte. Hutton nahm darin eine Mittelstellung ein, da er sowohl Kräfte aus dem Erdinneren als auch Meeresablagerungen als Grundprinzipien der Gesteinsentstehung erkannte. Er unterschied bereits Vulkanite und intrusive Tiefengesteine, die nach seiner Meinung aus einer Schmelze auskristallisierten.

Sein Hauptwerk, die „*Theory of the Earth*“, diskutierte James Hutton zunächst mit seinen Freunden und hielt ab 1785 Vorträge darüber. 1788 veröffentlichte er das Werk bei der Royal Society of Edinburgh und 1792 erschien sie auch in einer deutschen Übersetzung. Fünf Jahre nach seinem Tod veröffentlichte sein Freund, der Mathematiker John Playfair, zahlreiche Erläuterungen zur „*Theory of the Earth*“.

James Hutton wird heutzutage als der Begründer der Geologie angesehen. Mit seinen Arbeiten markiert er einen Wendepunkt in der Entwicklung der geologischen Wissenschaft, da fortan sein fundamentales Prinzip des Uniformitarianismus galt. Sein Verdienst war, dass er die bis dahin durchaus vorhandenen Kenntnisse über Gesteine, Fossilien und Schichtenlagerung in ein akzeptables geologisches Gesamtbild einfügte. Einige seiner Zeitgenossen sahen Sedimentgesteine noch als Kristallisate an, die in großen Mengen aus dem Meerwasser der Sintflut ausfielen. Auch Erosionsprozesse waren bekannt, doch konnte ihnen noch kein gleichwertiger Entstehungsprozess entgegengesetzt werden. Völlig neu waren seine Gedanken zur Gesteinsentstehung durch Vulkanismus und andere wärmegesteuerte Prozesse in der Erdkruste.

Abraham Gottlob Werner

* 25. September 1749 in Wehrau, † 30. Juni 1817 in Dresden

Abraham Gottlob Werner wurde am 25. September 1749 als Sohn von Abraham David Werner und dessen Frau Regina Holstein in Wehrau (heute Osiecznica im westlichen Polen) geboren. Sein Vater war Inspektor im gräflichen Solms'schen Eisenhüttenwerk zu Wehrau und Lorenzdorf (heute Ławszowa im westlichen Polen). Er erhielt eine einfache Schulausbildung an der Waisenhausschule in Bunzlau und wurde schon als 15-jähriger von seinem Vater als Hüttenschreiber und Gehilfe angestellt. 1769 ging er nach Freiberg, wo er an der Bergakademie die Bergwerkswissenschaften studierte. Dort erregte er die Aufmerksamkeit seines Lehrers Pabst von Ohain (1718–1784), der ihm seine Mineraliensammlung zum Studium zur Verfügung stellte und ihn förderte. 1771 ging Werner nach Leipzig, um sich dort an der Universität weiterzubilden. Er versuchte ältere Schriften zur Mineralogie zu übersetzen, erkannte jedoch schon bald deren Unzulänglichkeiten und begann daraufhin, eine eigene Publikation zu entwerfen, die er 1774 veröffentlichte („*Von den äußeren Kennzeichen der Foßilien*"). Zu Werners Zeit wurden die Minerale noch als Fossilien bezeichnet und er machte es sich zur Aufgabe, ähnlich wie es Linné für die Pflanzen und Tiere gemacht hatte, eine systematische Beschreibung der Minerale nach äußeren Kennzeichen zu entwerfen.

Schon 1775 wird Werner von seinem früheren Lehrer Ohain an die Bergakademie als Inspektor und Lehrer der Mineralogie berufen. Gleich zu Beginn seiner Tätigkeit in Freiberg trennt er die bislang in einer Vorlesung zusammengefassten Bereiche der Mineralogie, Gebirgslehre und Bergbaukunde. Er fasste die Lehre von den „Fossilien" (den Mineralen nach heutiger Lesart) als Oryctognosie zusammen und trennte sie 1779 mit eigenständigen Vorlesungen von der Geognosie ab, bei der es um Gebirgsarten und Mineralgemenge geht. Damit wurde Werner zum Begründer der Geognosie. Mit seiner neuen Lehre zog Werner Studenten aus ganz Europa und sogar aus Amerika an. Zu seinen berühmtesten Schülern gehörten Alexander von Humboldt (s. S. 34), Leopold von Buch (s. S. 32), Ernst Friedrich von Schlotheim (s. S. 38) und auch Carl Friedrich Mohs (s. S. 16). Er entwickelte eine der ersten systematischen Mineral-Klassifikationen, die allerdings heute nicht mehr aktuell ist (Werner & Hoffmann, 1789). Neben den Mineralen wie wir sie heute definieren enthielt seine Klassifikation auch Gesteinsarten und Erden sowie natürliche organische Substanzen, die den Mineralen zugeordnet werden.

In den Jahren 1787 und 1788 untersuchte Werner den Scheibenberg bei der gleichnamigen Stadt im Erzgebirge und gelangte zu der Ansicht, dass Gesteine und Mineralien im Wasser gebildet werden und auch alle Veränderungen der Erdoberfläche durch den Einfluss des Wassers entstehen. Er begründete damit den sogenannten Neptunismus, dem als Gegenentwurf der vor allem von James Hutton (s. S. 12) vertretene Plutonismus (oder Vulkanismus) entgegenstand und einen lang andauernden wissenschaftlichen Streit hervorrief. Nach Werners Ansicht entstanden alle Gesteine nacheinander in einem durch die Sintflut entstandenen Ozean. Zuunterst liegen die magmatischen, darüber die metamorphen Gesteine, die wiederum von den Sedimentgesteinen überlagert werden. Ganz oben folgen die unverfestigten Sedimente an der Oberfläche. Unter anderem waren die am Scheibenberg sehr gut sichtbaren Basaltsäulen für ihn ein Beleg für die Kristallisation des Gesteins im Wasser, zumal unter dem Basalt erneut eine Sandschicht lag. Er glaubte, dass man die Erde in fünf Formationen einteilen kann: (1) das Urgebirge mit magmatischen und hochmetamorphen Gesteinen als erste Ausfällungen aus dem Ozean bevor sich das Land erhob, (2) das Übergangsgebirge mit weltumspannenden Lagen erster Ordnung von Kalken und Grauwacken und darin enthaltenen Dikes und Sills, (3) sekundäre oder geschichtete Flöz-Serien mit geschichteten fossilreichen Lagen die aus der Erosion des sich erhebenden Landes entstanden, (4) alluviale oder tertiäre (aufgeschwemmte) Serien mit wenig konsolidierten Gesteinen, die sich beim Rückzug der Ozeane vom Land bildeten und (5) vulkanische Serien, die er als lokale Auswirkungen von brennenden Kohleflözen interpretierte. Diese Ansichten, die heute sämtlich nicht mehr gültig sind, wurden von Werner und seinen Schülern zunächst dogmatisch vertreten. Schließlich setzte sich aber im Zuge des zwischen 1790 und 1830 andauernden Neptunisten-Plutonisten-Streits die Ansicht der Plutonisten durch, die schließlich zur Entstehung der modernen Geologie führte. Dennoch gilt Werner, der selbst nur wenige und kurze schriftliche Werke verfasst hat und sich nie vom Neptunismus löste, mit seiner systematischen Arbeitsweise als der Begründer der geologischen Wissenschaften im engeren Sinne in Deutschland. Durch ihn ist die Bergakademie Freiberg zu Weltruhm gelangt. Er präsentierte sein Weltbild, in dem die Erde, anders als die gängige Meinung, die vor allem von kirchlicher Seite vertreten wurde, nicht 4004 vor Christi Geburt von Gott in einer Woche erschaffen worden sei. Er vertrat die Ansicht, dass die Erde Millionen von Jahren alt sei und war davon überzeugt, dass dies mithilfe der Geologie bewiesen werden könne – und er formulierte damit eine Kampfansage an die Theologie.

1792 wurde Werner in Freiberg zum Bergcommissionsrath ernannt und 1799 zum Bergrath befördert. Zeit seines Lebens hatte Werner mit seiner Gesundheit zu kämpfen, weshalb er seine anfängliche Sammelleidenschaft nicht mehr weiterführte und sich vor allem heimischen Studien widmete. Er ist vermutlich nie weiter als bis in das Erzgebirge gereist. Werner galt zu seiner Zeit als der berühmteste Mineraloge. Sein Ruf war weit über die Grenzen Sachsens hinaus bekannt und er wurde deswegen von den meisten wissenschaftlichen Akademien und vom Institute de France zum Mitglied ernannt. 1816 wurde er mit dem Ritterkreuz des sächsischen Ordens für Verdienst und Treue ausgezeichnet. Ein Jahr später starb er in Dresden, wo er sich wegen einer Krankheit behandeln lassen wollte. Schon zu seinen Lebzeiten formierten sich zahlreiche Vereinigungen, in denen die Werner'schen Lehren diskutiert wurden. Auf dem Annenfriedhof in Löbtau wurde 1848 ein Denkmal für ihn errichtet und man benannte dort die Wernerstraße nach ihm. Freiberg setzte ihm 1851 ein Denkmal in den Promenaden. In der Antarktis tragen die Werner Mountains seinen Namen und in Grönland wurde der Werner Range nach ihm benannt.

Friedrich Mohs

* 29. Januar 1773 in Gernrode/Harz, † 29. September 1839 in Agordo, Italien

Carl **Friedrich** Christian Mohs wurde am 29. Januar 1773 als Sohn des Kaufmanns August Emanuel Christian Mohs und seiner Ehefrau Wilhelmine Elisabetha, geb. Stark, in Gernrode im Harz geboren. Über seine Jugend- und Schulzeit ist wenig bekannt. Es war vorgesehen, dass er das Geschäft seines Vaters übernehmen sollte, doch interessierte er sich deutlich mehr für die Naturwissenschaften. Deshalb begann er, nachdem er sich schließlich mithilfe von Privatlehrern vorbereitet hatte, erst im Alter von 23 Jahren im Jahr 1796 mit seinem Studium der Mathematik, Physik und Chemie an der Universität Halle. 1798 wechselte er an die Bergakademie in Freiberg (Sachsen) und beschäftigte sich zusätzlich mit dem Fach Mechanik. In Freiberg wurde er Schüler des Mineralogen und Geognosten Abraham Gottlob Werner (s. S. 14), mit dem ihn eine lebenslange Freundschaft verbinden sollte. Neben der Mineralogie erwarb er in Freiberg umfangreiche Kenntnisse des praktischen Bergbaus, die er später in einem vielbeachteten Werk über die Freiburger Grube „Himmelsfürst" nutzte, das als Leitfaden für das Studium der Bergbaukunde galt (Mohs, 1804: „*Beschreibung des Grubengebäudes Himmelsfürst ohnweit Freiberg im sächsischen Erzgebirge*").

Nach seinem Studium nahm Mohs 1801 zunächst eine Stelle als Steiger in einer Grube in Wernigerode an, die er jedoch bald wieder verließ, um nach Freiberg zurückzukehren. Dort arbeitete er im darauffolgenden Jahr ein Konzept für eine Bergakademie nach Freiberger Vorbild in Dublin/Irland aus, das jedoch nie verwirklicht wurde. 1802 erhielt er den Auftrag, die bedeutende Mineraliensammlung des Wiener Bankiers van der Nüll zu ordnen. Für Mohs wurde die intensive Beschäftigung mit Mineraliensammlungen schließlich zur Grundlage seiner naturwissenschaftlichen Forschungen. In den folgenden Jahren unternahm er wiederholt ausgedehnte Studienreisen, die ihn durch deutsche und habsburgische Länder (Österreich, Ungarn, Siebenbürgen), aber auch nach Frankreich, England und Schottland führten. 1810 wurde er von der niederösterreichischen Landesregierung beauftragt, in den österreichischen Ländern und um Passau nach Porzellanerde zu suchen. Im Laufe dieser Arbeiten lernte er Erzherzog Johann kennen, für den er eine Reise in die Steiermark unternahm und die Mineraliensammlung am Joanneum in Graz ordnen sollte. Später betreute er noch das Wiener Hofmineralienkabinett.

1812 wurde Mohs an das Joanneum in Graz zum Professor der Mineralogie berufen. Die Beschäftigung mit den Mineraliensammlungen ließen Mohs mehr und mehr an der Richtigkeit der von seinem Lehrer vertretenen systematischen Grundsätze der Mineralogie zweifeln. Er arbeitete deshalb an einer eigenen systematischen Ordnung der Minerale. Schon 1812, kurz nach dem Beginn seiner Professur am Joanneum entwickelte Mohs die später nach ihm benannte Mohshärteskala mit 10 Graden, die noch heute in unveränderter Weise international in Gebrauch ist. Mit seiner Klassifikation der Mineralien, die im Wesentlichen auf deren physikalischen Eigenschaften (Form, Härte, Bruchverhalten, spezifisches Gewicht) basierte, schlug Mohs einen anderen Weg ein als die meisten seiner Kollegen, die sich vor allem auf die chemische Zusammensetzung beriefen. Mohs entwickelte unabhängig von seinem Lehrer ein Konzept der Kristallsysteme, das ähnlich wie die Systematik Linnés in der Biologie und Zoologie die äußeren Merkmale heranzog.

1817 übernahm Mohs nach langem Zögern wegen seiner Verpflichtungen dem Erzherzog Johann gegenüber als Nachfolger seines verstorbenen Lehrers Abraham Gottlob Werner (s. S. 14) die Professur für Mineralogie an der Bergakademie Freiberg. Dort entwickelte er sein Konzept der Kristallsysteme, das er erstmalig 1820 als Vorlesungsskript veröffentlichte („*Die Charaktere der Klassen, Ordnungen, Geschlechter und Arten, oder Charakteristik des naturhistorischen Mineral-Systems*", Dresden 1820, 2. Aufl. 1821) und 1822 bzw. 1824 in seinem zweibändigen Werk „*Grundriss der Mineralogie*" weiter vertiefte. Er geriet damit in einen Streit mit dem Berliner Mineralogen Christian Samuel Weiß (1780–1856), der behauptete, dass Mohs von ihm abgeschrieben habe. Es konnte jedoch nachgewiesen werden, dass beide voneinander unabhängig zu sehr ähnlichen Schlussfolgerungen bezüglich der Kristalle kamen.

1826 wurde Mohs auf die Professur für Mineralogie an der Universität Wien berufen. Er siedelte nach Wien über und übernahm gleichzeitig die Neuordnung des Hofmineralienkabinetts, wo er ab 1827 auch seine Vorlesungen abhielt. 1834 wurde er zusätzlich zum Kustos der Sammlungen ernannt. 1835 zog sich Mohs aus der Universität zurück und tauschte seine Stelle gegen die ihm besser zusagende Stellung eines k. k. Bergrathes bei der Hofkammer für Berg- und Münzwesen. Er wollte sich mehr den geognostischen Studien zuwenden, um mit weiteren Ergebnissen die Schwächen der Werner'schen Geognosie zu beseitigen. Ein großer Vorteil seiner neuen Stellung waren die zahlreichen Dienstreisen, die er in alle Teile des Landes unternahm. Aus diesen Arbeiten heraus entstand seine „*Anleitung zum Schürfen*" (1838), die eine grundlegende Anleitung zur Prospektion von Lagerstätten, ihrer Ausrichtung und der Beurteilung ihrer Bauwürdigkeit darstellt. Mohs war zu dieser Zeit bereits gesundheitlich geschwächt und wurde auch auf seinen Reisen vielfach von Krankheitsanfällen heimgesucht. Dennoch begab er sich im Sommer 1839 auf eine ausgedehnte Reise in das Gebiet der süditalienischen Vulkane. In Agordo in Südtirol überfiel ihn jedoch eine heftige Krankheit, der er am 29. September 1839 erlag. Später wurde er in einem Ehrengrab auf dem Wiener Zentralfriedhof beigesetzt.

Mohs wurde 1843 mit einem Denkmal im Joanneum in Graz geehrt, außerdem vergab die Bergakademie Freiberg 1988 eine Erinnerungsmedaille an ihn. Ein Titaneisenmineral wurde ihm zu Ehren als Mohsit benannt. Mohs gilt als Mitbegründer der wissenschaftlichen Mineralogie und vor allem der Kristallographie. Während sich die von ihm vorgeschlagenen, streng logisch aufgebauten Mineralbezeichnungen nicht durchsetzen konnten, sind die von ihm aufgestellten sieben Achsensysteme der Kristallklassen noch heute gültig wie auch seine schiefwinkeligen Koordinatensysteme für mono- und trikline Kristalle.

Déodat Gratet de Dolomieu

* 24. Juni 1750 bei La Tour-du-Pin, Isère, Frankreich, † 26. November 1801 in Châteauneuf, Frankreich

Déodat Guy Sylvain Tancrède Gratet de Dolomieu wurde 1750 auf dem Familiensitz in der Nähe des Dorfes Tour-du-Pin im Département Isère, Frankreich, nicht weit weg von Grenoble geboren. Er war das dritte Kind in einer Reihe von 11 Kindern des Marquis de Dolomieu und seiner Frau Marie-Françoise Berénger. Sein Vater hatte für ihn eine militärische Karriere im Sinn, weswegen er ihn schon im Alter von 3 Jahren in den katholischen Malteserorden aufnahm. Seine Verbindung mit dem Malteserorden (mit vollem Titel: Souveräner Ritter- und Hospitalorden vom heiligen Johannes von Jerusalem von Rhodos und von Malta) sollte ihm im Laufe seines Leben immer wieder Schwierigkeiten bereiten.

Über de Dolomieu´s Kindheit ist nur wenig bekannt. Er begann seine militärische Karriere im Malteserorden im Alter von 12 Jahren. Mit 15 Jahren kam er in ein Karabiner-Regiment und absolvierte sein Noviziat mit 18 Jahren auf einer Galeere des Ordens. Der unglückliche Ausgang eines Duells, bei dem er sein Gegenüber tötete, brachte ihn schon mit 19 Jahren ins Gefängnis. Er wurde zu lebenslanger Haft verurteilt und nur durch die Beziehungen seiner Freunde und der durch sie in Gang gesetzten Intervention von Papst Klemens XIII. und des französischen Königs nach knapp einem Jahr aus dem Kerker entlassen. Danach konnte er sich wieder seinen Studien widmen, die er in jüngeren Jahren schon einmal begonnen hatte. Er interessierte sich schon früh für naturwissenschaftliche Themen.

Mit seinem Karabiner-Regiment ging er 1771 nach Metz, wo er den Haupt-Apotheker des Regiments kennen- und schätzen lernte, der ihn in die Chemie und die Naturgeschichte einführte. Über ihn machte er die Bekanntschaft des Physikers und Luftfahrtpioniers Pilâtre de Rosier (1754–1785; 1783 der erste Mensch, der sich in einem Heißluftballon der Gebrüder Montgolfière in die Luft erhob) und wurde ein Freund des Duc Louis-Alexandre de la Rochefoucault (1743–1792), der als Mitglied der Académie Royale des Sciences und Politiker einen großen Einfluss in Frankreich besaß. Über de la Rochefoucault, der sich sehr für die Naturwissenschaften interessierte, kam de Dolomieu zur Mineralogie. 1775 veröffentlichte er sein erstes Werk über Experimente zur Schwere von Gesteinen, die er in einem Bergwerk in der Bretagne durchführte. Im Anschluss daran unternahm er geologische Exkursionen durch halb Europa, die ihn u.a. zum Ätna auf Sizilien, zum Vesuv und zur Insel Elba führten. 1780 wurde de Dolomieu zum Kommandeur des Malteserordens ernannt. Er bekam jedoch aufgrund seiner liberalen politischen Einstellung immer wieder Schwierigkeiten mit den sehr konservativen Adligen, die den Orden kontrollierten. Deswegen zog er sich noch im gleichen Jahr aus dem Orden zurück und widmete sich fortan gänzlich seinen naturwissenschaftlichen Studien.

1789 reiste de Dolomieu mit seinem Schüler Louis Benjamin Fleuriau de Bellevue (1761–1852) nach Südtirol, wo er an verschiedenen Stellen in der Nähe des Brennerpasses sowie bei Bozen und Trient ein Gestein fand, das einem Kalkstein sehr ähnlich ist, jedoch beim Beträufeln mit Salzsäure nicht aufbraust. Er nahm Proben dieses Gesteins, das dem schon bekannten Porphyr der Bozener Gegend auflagert und untersuchte es genauer. Seine Beobachtungen publizierte er in dem weithin bekannten französischen wissenschaftlichen Fachmagazin „*Journal de Physique*“. Nicolas-Théodore de Saussure (1767–1845) wurde über diesen Artikel auf ihn aufmerksam und de Dolomieu überließ ihm einige seiner Proben zur Bearbeitung. Anfänglich schlug de Dolomieu den Namen „*Tyrolensis*“ für das neue Gestein vor, doch bemerkte er bald, dass es nicht nur in Tirol, sondern auch an vielen anderen Stellen vorkommt. Horace-Benédict de Saussure (1740–1799), der Vater von Nicolas de Saussure, untersuchte das Mineral, das bisher als „*Perlspat*“ oder „*Bitterspat*“ bezeichnet wurde, genauer und benannte es schließlich zu Ehren von de Dolomieu als „*Dolomit*“. Diese Bezeichnung setzte sich schon bald durch und wird heute sowohl für das Mineral ($CaMg[CO_3]_2$) als auch für das Gestein verwendet.

De Dolomieu war anfänglich ein starker Befürworter der französischen Revolution, die im Jahre 1789 begann. Die Ermordung seines Freundes Duc de la Rochefoucault, sein eigenes, knappes Entrinnen vor der Guillotine und die Enthauptung mehrerer Verwandter machten ihn jedoch zum Gegner der Revolution und er unterstützte fortan Napoléon Bonaparte. 1795 übernahm er die Professur für Naturwissenschaften an der École Centrale de Paris. In dieser Zeit begann er, den mineralogischen Abschnitt der Encyclopédie Méthodique zu schreiben. Schon ein Jahr später wurde er Professor an der École Nationale Supérieure des Mines de Paris.

1798 hatte sich de Dolomieu einen internationalen Ruf als Geologe und Mineraloge erworben. Er wurde zu einer wissenschaftlichen Expedition eingeladen, die mit der Invasion Napoléon Bonapartes nach Ägypten verbunden war. 1799 erkrankte de Dolomieu jedoch und musste Alexandria in Richtung Frankreich verlassen. Sein Schiff geriet in einen schweren Sturm und sie mussten in Tarent in Apulien um Schutz bitten. Zusammen mit General Thomas-Alexandre Dumas (1762–1806), dem Vater des Schriftstellers Alexandre Dumas (1802–1870), geriet er in Kriegsgefangenschaft, weil sich das Königreich Neapel und Frankreich zu der Zeit im Krieg befanden. In Messina wurde er daraufhin 21 Monate lang unter schauderhaften Bedingungen gefangen gehalten. Während seiner Gefangenschaft schrieb er unter schwierigsten Bedingungen eines seiner Hauptwerke, „*Sur l'espèce minéralogique*“, das er 1801 veröffentlichte. Seine Gesundheit war durch die strengen Haftbedingungen jedoch so angeschlagen, dass er Ende 1801, nur wenige Monate nach seiner Freilassung starb.

Alexandre Dumas nahm die Gefangenschaft seines Vaters General Dumas zusammen mit de Dolomieu in Messina in seinem Roman „*Der Graf von Monte Christo*“ auf, in dem er die Figur eines weisen Gelehrten (Abbé Faria) beschreibt, für den de Dolomieu als Vorbild gilt. Abbé Faria verbringt seine Zeit im Gefängnis mit dem Schreiben eines wissenschaftlichen Werkes mit selbsthergestellter Tinte auf den Rändern einer Bibel, einem der wenigen erlaubten Bücher. Im Gegensatz zu de Dolomieu überlebte Faria die Gefangenschaft jedoch nicht.

Georges Cuvier

*** 23. August 1769 in Mömpelgard, Frankreich, † 13. Mai 1832 in Paris, Frankreich**

Georges Léopold Chrétien Frédéric Dagobert, Baron de Cuvier, wurde am 23. August 1769 als Sohn des ehemaligen Leutnants eines Schweizerregimentes, Jean Georges Cuvier, und seiner Frau Anne-Clémence Catherine Châtel in Mömpelgard (dem heutigen Montbéliard, Frankreich; gehörte bis 1796 zu Württemberg) geboren. Getauft wurde er auf die Vornamen Jean-Léopold-Nicholas Frédéric, später wurde noch der Vorname Dagobert hinzugefügt. Cuvier übernahm jedoch den Vornamen seines älteren Bruders Georges (Charles Henri), der schon im Alter von zwei Jahren verstarb, als alleinigen Vornamen. Er begann schon früh, sich mit naturwissenschaftlichen Themen zu beschäftigen, stellte im Alter von 12 Jahren eine naturkundliche Sammlung zusammen und las Abhandlungen zur Naturgeschichte. Von 1784 bis 1788 begann er in Stuttgart an der Hohen Karlsschule zunächst mit einem wirtschaftlich ausgerichteten Studium. 1787 wurde er zum Chevalier ernannt, wodurch er in die gehobenen Kreise der Gesellschaft Eingang fand und nach seinem Studium für 8 Jahre als Hauslehrer beim Grafen d'Héridy tätig war. Mit ihm zog er in die Normandie nach Fécamp, wo er sich intensiven naturwissenschaftlichen Studien, insbesondere mariner Lebewesen widmen konnte. Sein Hauptinteresse lag dabei auf dem Gebiet der vergleichenden Anatomie. In Fécamp lernte er den französischen Agronomen und Naturkundler Henri-Alexandre Tessier (1741–1837) kennen, der ihn seinen Freunden in Paris nachdrücklich empfahl, was ihm schließlich 1795 eine Stelle als Assistent bei dem Zoologen Étienne Geoffrey Saint-Hilaire (1772–1844) am neu gegründeten Institut de France in Paris einbrachte. 1800 wurde er zum Professor für Zoologie am Institut de France ernannt. 1803 kam die Ernennung zum Sekretär der Physikalischen Wissenschaften am Collège de France hinzu. 1804 heiratete Georges Cuvier Marie Anne Coquet du Trazail, die Witwe des 1793 in den Wirren der französischen Revolution enthaupteten Steuerpächters Louis Philippe Alexandre Duvaucel (1749–1793). Mit ihr hatte er neben ihren mit in die Ehe gebrachten Kindern noch weitere vier Kinder, von denen jedoch keines überlebte.

Im Jahre 1802 übernahm Cuvier in seiner Funktion als Regierungsbeamter die Neuorganisation des öffentlichen Unterrichts als Generalinspektor. Ab 1808 reformierte er im Auftrag Napoleons die Hochschulen in Frankreich und später auch in Italien, Süddeutschland und den Niederlanden. Für seine Verdienste wurde er 1811 mit dem Orden *Chevalier de la Légion d'Honneur* ausgezeichnet. 1814 wurde er in den Staatsrat berufen, in dem er zunächst als *Maître des requêtes* in beratender Funktion und ab 1819 als Leiter der Innenabteilung tätig war. Seine Karriere in der französischen Administration ging einher mit den politischen Umwälzungen der Revolution und der nachfolgenden Restauration. 1831 ernannte ihn König Louis-Philippe zum Pair von Frankreich. Am 13. Mai 1832 starb Georges Cuvier vermutlich an den Folgen einer Rückenmarksentzündung (Myelitis) und nicht, wie oft behauptet wird, an einer Cholera-Infektion. Er wurde auf dem Pariser Friedhof Père Lachaise begraben.

Schon seit 1795 war Cuvier Mitglied der *Société d'histoire naturelle*. Mit mehreren wissenschaftlichen Abhandlungen errang er auch ohne biologisches Studium ein hohes Ansehen unter den Naturforschern in Frankreich und auf internationaler Ebene. In den folgenden Jahren wurde er Mitglied einer ganzen Reihe von hochstehenden wissenschaftlichen Verbänden: 1801 wurde er zum auswärtigen Mitglied der *Göttinger Akademie der Wissenschaften* gewählt; 1806 folgte die Mitgliedschaft in der *Royal Society* in London, 1808 in der *Bayerischen Akademie der Wissenschaften*. Später, im Jahr 1820 wurde er zum Mitglied der *Leopoldina* und 1822 in die *American Academy of Arts and Sciences* gewählt.

Cuvier gilt heute als Begründer der wissenschaftlichen Paläontologie und der vergleichenden Anatomie. Er führte akribische und genaue Forschungen mit Ausgrabungen fossiler Lebewesen und ihrer zeitlichen Einordnung (Stratigraphie) durch. Er teilte das Tierreich in Wirbeltiere, Weichtiere, Gliedertiere und Strahltiere ein und entdeckte das Korrelationsgesetz (die Merkmale bestimmter Merkmalskomplexe sind nicht unabhängig voneinander), das in der modernen Evolutionsforschung durch das Konzept der Grundplanmerkmale ersetzt worden ist. Anhand dieses Gesetzes rekonstruierte er ganze Tierkörper anhand nur weniger erhaltener Teile, indem er aus der Existenz einiger Knochen die Gestalt anderer Knochen und die zugehörigen Muskeln ableitete.

Cuvier war einer der maßgeblichen Vertreter der sogenannten Kataklysmentheorie (griech. Kataklysmos [κατακλυσμός] = Katastrophe), die auch als Katastrophentheorie bekannt ist. Sie gilt heute als wissenschaftlich widerlegt. Gemeinsam mit dem französischen Naturforscher Alexandre Brongniart (s. S. 36) erforschte und gliederte Cuvier im Jahre 1808 die geologischen Schichten im Tertiär des Pariser Beckens. Sie fanden eine wechselnde Abfolge von Süßwasser- und Meerwasserablagerungen und schlossen daraus auf eine Reihe von sintflutartigen Überschwemmungskatastrophen, die wiederholt zum Aussterben vieler regionaler Arten und zum Artenwechsel im Verlauf der Zeit führten. Cuvier war ähnlich wie Carl von Linné (1707–1778) der (heute widerlegten) Ansicht, dass die Arten unveränderlich sind (Artkonstanz). Die Verschiedenheit fossiler und rezenter Lebewesen erklärte er mithilfe seiner Katastrophentheorie, die besagt, dass die Lebewesen durch Naturkatastrophen ausstarben und danach neu erschaffen wurden. Zwar werden auch heute große katastrophale Ereignisse als richtungsweisend für evolutionäre Prozesse angesehen, doch stellt die Annahme der Artkonstanz einen zentralen Fehlschluss in Cuviers Theorie dar. Er sah die Ursache für die Veränderungen der Arten in den Katastrophen selbst. Der prägende Einfluss von Umweltbedingungen, die im Verlauf der Erdgeschichte des Öfteren durch Naturkatastrophen drastisch verändert wurden, auf die Evolution war zu seiner Zeit jedoch noch nicht bekannt.

Georges Cuvier´s Name ist unter den 72 hervorragenden (fast ausschließlich französischen) Personen auf dem Eiffelturm aufgeführt. Der Asteroid (9614) Cuvier und ein Krater auf dem Mond sind nach ihm benannt. Mehrere Reptilienarten, Vogelarten und eine Säugetierart haben als Namenszusatz „*cuvieri*“ und sind benannt nach Georges Cuvier, einige Vögel auch nach seinem Bruder Frédéric. Cuvier ist außerdem Namensgeber für die Cuvier-Insel in der Antarktis.

Charles Robert Darwin

* 12. Februar 1809 in Shrewsbury, UK, † 19. April 1882 in Downe, London, UK

Charles Darwin wurde 1809 als fünftes Kind des Arztes Robert Darwin und dessen Frau Susannah, geb. Wedgwood, in Shrewsbury in der Nähe von Birmingham geboren. Seine Mutter starb, als er 8 Jahre alt war und seine älteren Schwestern übernahmen daraufhin seine Betreuung. Seine Schulausbildung erhielt er an einer privaten Internatsschule. Es zeigte sich schon früh, dass er mit komplexen Sachverhalten wie z.B. Euklids Geometrie sehr viel besser umgehen konnte, als mit Sprachen und Literatur. Sein Bruder regte ihn an, sich mit chemischen Experimenten zu beschäftigen, indem er ihn an seinen eigenen teilnehmen ließ. Außerdem sammelte er Münzen und viele natürliche Dinge, die er in der Natur bei seinen ausgedehnten Streifzügen fand. 1825 begann er schon als Sechzehnjähriger zusammen mit seinem Bruder ein Studium der Medizin an der Universität von Edinburgh. Doch Darwin wandte sich schon sehr bald lieber naturwissenschaftlichen Themen zu und sein Vater bemerkte, dass das Medizinstudium für ihn wohl nicht geeignet sei. 1828 begann Darwin auf Anraten seines Vaters ein Theologiestudium, das er 1831 mit einem Bachelorgrad abschloss. Für ihn schien der Weg vorgezeichnet zu sein, dass er als naturwissenschaftlich Interessierter eine Pfarrei betrieb und sich nebenher seinen Studien widmen konnte. Doch 1831 sollte sich für Darwin alles ändern.

Während seines Studiums hörte Darwin nicht auf, sich intensiv mit naturwissenschaftlichen Themen zu beschäftigen. Er legte eine Sammlung von Käfern an und führte zahlreiche entomologische Exkursionen durch, wodurch er sich ein umfangreiches zoologisches Wissen erarbeitete. Nebenher hörte er botanische Vorlesungen und beschäftigte sich mit naturphilosophischen Themen sowie den Reisen Alexander von Humboldts (s. S. 34). Geologische Kenntnisse erwarb Darwin in Vorlesungen und auf einer geologischen Exkursion nach Wales bei Adam Sedgwick (1785-1873), einem bekannten Geologen, der u.a. die Begriffe Devon und Kambrium in die geologische Zeitskala einführte. Mit Sedgwick verband Darwin eine lebenslange Freundschaft, obwohl sie in Bezug auf Darwins Evolutionstheorie grundsätzlich unterschiedlicher Meinung waren.

Im August 1831 erhielt Darwin die Anfrage des Kapitäns der HMS Beagle, Robert Fitz Roy (1805–1865), der für eine Vermessungsreise zur Südspitze und entlang der Westküste Südamerikas einen Naturwissenschaftler als Reisebegleiter suchte. Er bot Darwin eine einmalige Gelegenheit zur Durchführung von Forschungsarbeiten, die dieser begeistert aufnahm. Sein Vater war zunächst strikt gegen seine Teilnahme an der Expedition, schließlich gab er aber doch seine Zustimmung. Ende Dezember 1831, nachdem sich die Abfahrt wetterbedingt mehrfach verschoben hatte, stach Darwin mit der HMS Beagle in See. Während des ersten Fahrtabschnitts zu den Kapverdischen Inseln vertiefte sich Darwin in den ersten Band des Buches „*Principles of Geology*“ von Charles Lyell (s. S. 24). Schon bei seinem ersten Landgang auf der Insel Santiago begann er mit seinen akribisch geführten Notizbüchern, die er thematisch ordnete und zu unterschiedlichen Zwecken nutzte. Nach zwei Monaten erreichte Darwin mit der HMS Beagle die brasilianische Küste. Während das Schiff vor der Küste Vermessungsarbeiten vornahm, blieb Darwin an Land und führte dort seine Studien durch. Die gesammelten, vorwiegend geologischen Proben schickte er als Frachtgut zurück nach England. Mehr als zwei Jahre segelte das Schiff entlang der Küsten Südamerikas und gab Darwin vielfältige Gelegenheiten geologische, zoologische und botanische Studien durchzuführen. Er erlebte ein schweres Erdbeben bei Valdivia im Süden Chiles und erkannte, dass durch das Erdbeben marine Küstenablagerungen aus dem Wasser herausgehoben wurden. Darin sah er eine Bestätigung der Theorie Lyells der langsamen aber kontinuierlichen Entwicklung, die im Gegensatz zur ebenfalls diskutierten Katastrophentheorie stand, nach der alle Veränderungen plötzlich und katastrophal stattfinden.

1835 erreichte Darwin mit der HMS Beagle die Galápagosinseln, auf denen er sich gut einen Monat aufhielt und unentwegt Feldstudien betrieb. Er sammelte alles, was ihm bedeutsam erschien, unter anderem die verschiedenen Arten von Vögeln. Er selbst erkannte die Bedeutung dieser Vögel erst viel später, die auf Galápagos als endemische Arten existierten und sich in verschiedene Unterarten weiterentwickelt hatten. Die Weiterreise von Galápagos führte Darwin über zahlreiche weitere Stationen in der ganzen Welt (u.a. Tahiti, Neuseeland, Australien, Mauritius, Südafrika, St. Helena). Die Reise endete im Oktober 1836 und sollte ihn sein gesamtes weiteres Leben erfüllen.

1839 heiratete Darwin seine Cousine Emma Wedgwood, mit der er insgesamt zehn Kinder hatte. Das eigene Vermögen zusammen mit dem seiner Frau ermöglichte ihm ein Leben als Privatier, der sich ganz seinen Studien widmen konnte. Darwin wollte die Entstehung der Arten auf eine naturwissenschaftliche Grundlage stellen. Spätestens 1837, nachdem der Vogelkundler John Gould (1804–1881) anhand der von ihm selbst mitgebrachten Vögel die engen Verwandtschaftsverhältnisse zeigen konnte, war er von der Veränderlichkeit der Arten überzeugt. Daraus entstand bereits 1838 seine Evolutionstheorie, von der er 1842 eine erste 35-seitige Skizze anfertigte. 1844 ist sein berühmtes Werk "*On the Origin of Species by Means of Natural Selection, or the Preservation of Favoured Races in the Struggle for Life*" eigentlich fertig, doch er veröffentlichte es erst 15 Jahre später im Jahre 1859. Er sammelte unentwegt Belege für seine Theorie und zögerte lange mit der Veröffentlichung, weil er selbst an seiner eigenen Theorie zweifelte. Über viele Jahre hinweg wussten nur ein paar wenige Freunde und seine Frau von dem Manuskript, das er bearbeitete und immer wieder veränderte. Als er mit seinen Ideen an die Öffentlichkeit trat, stieß er teilweise auf Ablehnung, fand aber auch viel Zuspruch. Darwin ist aufgrund seiner umwälzenden Evolutionstheorie einer der bedeutendsten Wissenschaftler. Zwar hat er sich mit den Geowissenschaften nicht in erster Linie beschäftigt, doch hat er mit seiner Theorie auch die Geowissenschaften ganz maßgeblich beeinflusst.

Zu Lebzeiten erfuhr Darwin lediglich eine Ehrung mit der Verleihung der Royal Medal im Jahre 1854 für seine taxonomischen Arbeiten über Rankenfußkrebse. Nach seinem Tod wurden neben den bekannten Darwinfinken zahlreiche Inseln, Landschaften und Berge nach ihm benannt, in Australien auch eine Stadt und eine Universität.

Charles Lyell

* 14. November 1797 in Kinnordy in Forfarshire, Schottland, † 22. Februar 1875 in London, UK

Charles Lyell wurde am 14. November 1797 als ältestes von 10 Kindern des wohlhabenden Botanikers Charles Lyell und seiner Frau Francis, geb. Smyth, in Kinnordy House, dem Familiensitz in der Nähe von Kirriemuir, Forfarshire in Schottland, geboren. Von seinem Vater wurde er schon früh gefördert, sich mit naturwissenschaftlichen Fragestellungen zu beschäftigen. Nach dem Besuch von Privatschulen begann er 1816 am Exeter College in Oxford ein Jura-Studium, das er 1819 als Bachelor of Arts abschloss, 1821 folgte der Master-Abschluss. Er trat zunächst in die Londoner Juristengesellschaft „Lincoln´s Inn" ein und war dort eine Zeit lang als Jurist tätig, er widmete sich aber schon seit seinem Studium zunehmend der geologischen Wissenschaft. 1822 stellte er seine ersten geologischen Thesen über eine Kalksteinformation in der Umgebung seines Heimatortes vor (veröffentlicht 1829). 1823 traf er in Paris mit Alexander von Humboldt (s. S. 34) und Georges Cuvier (s. S. 20) zusammen und untersuchte mit dem französischen Geologen Louis-Constant Prévost (1787–1856) das Pariser Becken.

Lyell war finanziell so gut gestellt, dass er es sich 1827 leistete, seine berufliche Tätigkeit aufzugeben und sich ganz der Geologie zu widmen. Er beschäftigte sich mit grundsätzlichen Fragen der Geologie, entwickelte das von James Hutton (s. S. 12) aufgestellte Prinzip des Aktualismus (in Hutton´s „*Theory of the Earth*", 1788) weiter und trug maßgeblich zu seiner Verbreitung und Popularisierung bei. Das Aktualismusprinzip besagt, dass geologische Prozesse heute unter den gleichen Rahmenbedingungen ablaufen wie schon vor Millionen von Jahren, sodass man aus Beobachtungen gegenwärtiger Vorgänge auf die Entstehung von Gesteinen und Strukturen schließen kann: „*Die Gegenwart ist der Schlüssel zur Vergangenheit*". Seine Überlegungen fasste Lyell in seinem Buch „*Principles of Geology*" zusammen, das er in drei Bänden erstmalig von 1830 bis 1833 veröffentlichte. Dieses Buch sollte einen unmittelbaren Einfluss auf den damals noch jungen Charles Darwin (s. S. 22) haben, der seine geologischen Beobachtungen im Wesentlichen in Sinne Lyells dokumentierte und interpretierte. Neben James Hutton gilt Charles Lyell, der Hutton nie persönlich kennengelernt hat, als Begründer der modernen Geologie.

Von 1831 bis 1833 übernahm Lyell eine Professur für Geologie am King´s College der Londoner Universität. Während dieser Zeit heiratete er in Bonn seine Frau Mary Horner. Die Ehe blieb kinderlos, doch hatte Lyell in ihr über 40 Jahre lang seine treueste Begleiterin. In der Umgebung von Bonn studierte er das nahegelegene Vulkangebiet der Eifel und unternahm mit seiner Frau eine ausgedehnte Hochzeitsreise und geologische Exkursion in die Schweiz und nach Italien. Seine Professur behielt er nur zwei Jahre, weil er den Arbeitsaufwand als zu hoch betrachtete und sich lieber seinen geologischen Studien und Reisen widmete.

In seinen wissenschaftlichen Arbeiten beschäftigte sich Lyell vorwiegend mit der Stratigraphie. Nach seinen Erkenntnissen, die er zu Beginn seiner Tätigkeiten während einer Reise nach Südfrankreich und Italien im Jahre 1828 erlangte, ließen sich die Schichten (die „Strata") anhand ihres Muschelinhaltes einteilen. Als Ergebnis teilte er das Zeitalter des Tertiärs in die von ihm benannten Epochen Pliozän, Miozän und Eozän ein. Im Gegensatz zu Cuvier unternahm Lyell Zeit seines Lebens ausgedehnte Reisen, um seine Vorstellungen zur Geologie mit Fakten untermauern zu können. 1834 unternahm er Exkursionen nach Schweden, Norwegen und Dänemark, wo er die fortgesetzte Hebung Skandinaviens nachweisen konnte. Zwei ausgedehnte Reisen führten ihn 1841 und 1845 nach Nordamerika in die USA und nach Kanada, wo er unter anderem Nova Scotia, die Niagarafälle, das Mississippi-Delta und einen Sumpf in North Carolina besuchte. Als Ergebnis präsentierte er seine Bücher „*Travels in North America*" (1845) und „*A Second Visit to the United States*" (1849). Weiterhin stattete er auch den Inseln Madeira, Teneriffa und Sizilien einen Besuch ab. Seine gewonnenen Erkenntnisse flossen in die insgesamt 11 Neuauflagen seines Hauptwerkes „*Principles of Geology*" ein, eine 12. Auflage erschien posthum nach seinem Tod. Die hohe Zahl der Auflagen war eine Folge des großen Erfolges. Es verkaufte sich so gut, dass immer wieder neue Auflagen hergestellt werden mussten. In diesem Buch formulierte Lyell in der Auflage von 1835 auch die heute überholte Drifttheorie, nach der eiszeitliche Ablagerungen sämtlich durch Eisberge transportiert werden. 1838 veröffentliche Lyell sein zweites großes Werk, „*Elements of Geology*". Auch dieses mehr regional ausgerichtete Buch stieß auf ein großes öffentliches Interesse und wurde von ihm mehrfach erweitert und in neuen Auflagen publiziert. In seinem letzten Werk „*Geological Evidences of the Antiquity of Man*" (1863) führte er den Nachweis, dass es Menschen schon viel länger gegeben haben muss, als man bisher dachte.

Bereits 1819 wurde Lyell Mitglied der Geological Society of London, der er zunächst als Sekretär und ab 1835 als Präsident diente. Er wurde im Laufe seines Lebens Mitglied in zahlreichen wissenschaftlichen Gesellschaften: 1826 – Royal Society; 1841 – American Academy of Science and Arts; 1846 – Königliche Schwedische Akademie der Wissenschaften; 1855 – Akademie der Wissenschaften in Berlin; 1857 – Leopoldina und Bayerische Akademie der Wissenschaften, 1864 – Institut de France; 1871 – Russische Akademie der Wissenschaften in St. Petersburg. 1848 wurde er zum Ritter geschlagen und 1864 mit der Ernennung zum Baronet in den vererbbaren Adelstand erhoben. 1834 erhielt er die Royal Medal und 1858 die Copley-Medaille der Royal Society, 1866 folgte die Wollaston-Medaille der Geological Society of London. 1863 wurde er in den Orden pour le Mérite für Wissenschaften und Künste aufgenommen. Im Yosemite-Nationalpark in den USA ist der höchste Berg, Mount Lyell, und ein Gletscher nach ihm benannt. Ein Krater auf dem Mond und einer auf dem Mars tragen seinen Namen und in Australien ist ein weiterer Berg nach ihm benannt, außerdem ein Gebirgszug, Lyell Range, in Nordwest-Australien. Auch in Neuseeland gibt einen Gebirgszug des Namens Lyell Range, außerdem einen Fluss, den Lyell River. Eine Insel in der Queen Charlotte Inselgruppe vor British Columbia, Kanada, ist ebenfalls nach ihm benannt. Lyell ist darüber hinaus der Stifter der Lyell Medal, die seit 1876 jährlich von der Geological Society of London vergeben wird.

Louis Agassiz

* 28. Mai 1807 in Haut-Vully, Gemeindeteil Môtier, Kanton Fribourg, Schweiz, † 14. Dezember 1873 in Cambridge, Massachusetts, USA

Jean Louis Rodolphe Agassiz wurde 1807 im französischen sprechenden Teil der Schweiz in Môtier in der Nähe von Fribourg geboren. Er war der Sohn des protestantischen Pastors Jean Louis Rodolphe Agassiz und seiner Frau Rose Mayor Agassiz. Bis zu seinem zehnten Lebensjahr wurde er zuhause erzogen, wobei vor allem seine Mutter das Interesse für die Wissenschaft bei ihm weckte. Seine schulische Ausbildung erhielt er anschließend in Biel/Bienne und in Lausanne. Ab 1824 studierte er in Zürich, Heidelberg und München Medizin. Zusätzlich erweiterte er seine Kenntnisse durch naturgeschichtliche Studien vor allem in Botanik an der Universität Erlangen. Bereits 1829 erlangte er hier den akademischen Grad des Doktors der Philosophie. Ein Jahr später schloss er auch das Studium in München mit dem Doktor der Medizin ab. 1832 heiratete er seine erste Frau, Cecilie Braun, mit der er drei Kinder hatte. Da er ihr nicht den Lebensstandard bieten konnte, den sie gewohnt war, verließ sie ihn zusammen mit ihren Kindern, starb aber kurze Zeit später 1848 an Tuberkulose. Agassiz, der bereits 1847 nach Amerika ausgewandert war, holte die Kinder danach wieder zu sich. 1850 heiratete er zum zweiten Mal, Elizabeth Cabot Cary aus Boston/USA. An der Lawrence Scientific School der Harvard Universität in Cambridge, Massachusetts/USA lehrte er bis zu seinem Tod im Jahre 1873.

Nach dem Abschluss seines Studiums ging Agassiz 1831 nach Paris, wo Alexander von Humboldt (s. S. 34) und Georges Cuvier (1769–1832) seine Mentoren wurden. Sie ermunterten ihn, sich intensiver mit der Geologie bzw. der Zoologie zu beschäftigen und seine schon zuvor begonnenen ichthyologischen Studien zu intensivieren. 1829 veröffentlichte er eine Arbeit über brasilianische Süßwasserfische anhand einer umfangreichen Sammlung, die Johann Baptist von Spix (1781–1826) und Carl Friedrich Philipp von Martius (1794–1868) zusammengetragen hatten. Nach dem frühen Tod von Spix wählte von Martius Agassiz aus, um die Arbeit an diesen Fischen fortzusetzen. Das Interesse für die Ichthyologie sollte Agassiz Zeit seines Lebens begleiten.

1832 übernahm Agassiz eine Professur für Naturgeschichte am Lyceum von Neuchâtel, die er bis 1846 behielt. Hier widmete er sich in den folgenden Jahren vor allem den fossilen Fischen. Die fossilreichen Schiefer im Schweizer Kanton Glarus und die Kalksteine am Monte Bolca in der Nähe von Verona/Italien waren zwar bekannt, aber es gab noch keinerlei wissenschaftliche Bearbeitung der Schichten. Zwischen 1833 und 1843 veröffentlichte Agassiz insgesamt 5 Bände seiner Studien über Fischfossilien („*Recherches sur les poissons fossiles*"). Zugleich entwarf er dabei ein neues ichthyologisches Klassifikationssystem, das inzwischen zwar nicht mehr aktuell ist, das aber die Basis der heutigen Systematik darstellt. Seit 1840 beschäftigte sich Agassiz darüber hinaus mit wirbellosen Tieren („*Etudes critiques sur les mollusces fossiles*", Kritische Studien über fossile Weichtiere).

1836 begann Agassiz sich mit gletschergeprägten Landschaftsformen zu beschäftigen. Ignaz Venetz (1788–1859) hatte 1822 erstmals die Theorie entworfen, dass Gletscher einstmals weite Teile Europas und des Alpenraumes bedeckten. Er beantwortete damit die seit langem diskutierte Frage, wie Gesteinsblöcke, die in Gebieten zu finden waren, wo sie geologisch offensichtlich nicht ihren Ursprung hatten, dorthin transportiert wurden. Agassiz begann Feldstudien zu Gletscherbewegungen am Unteraargletscher, mit denen er zeigen konnte, dass es in einem Gletscher unterschiedliche Fließgeschwindigkeiten gibt. Seine Ergebnisse publizierte er 1840 in den Studien über Gletscher („*Etudes sur les glaciers*"). Darin beschrieb er nicht nur die Bewegungsformen der Gletscher und ihre Auswirkungen auf die Landschaftsformung. Er schlussfolgerte aus den vorhandenen Landschaftsformen, dass das gesamte Schweizer Mittelland einstmals vollständig von Eis bedeckt gewesen sein musste. Damit kam er seinen Konkurrenten Johann von Charpentier (1786–1855) und Ignaz Venetz zuvor, die daraufhin den Kontakt zu Agassiz abbrachen. 1840 reiste Agassiz nach England und kam dort zusammen mit seinem Kollegen William Buckland (1784–1856) zu dem Schluss, dass weite Teile Schottlands, Wales, Englands und Irlands von Gletschern geformt wurden. Erst 1875, nach dem Tod von Agassiz, gelang es Otto Torell (s. S. 28) die Eiszeittheorie in Deutschland zu etablieren.

Der König von Preußen ermöglichte Agassiz 1846 eine Reise in die USA, um sich dort mit der Naturgeschichte und der Geologie zu beschäftigen. Die ihm dort entgegengebrachten Angebote veranlassten ihn, sich in Amerika niederzulassen, so dass er 1847 nach Boston auswanderte. Er übernahm eine Professur für Zoologie und Geologie an der Harvard Universität, die er bis zu seinem Tod innehatte. Eine weitere Professur für vergleichende Anatomie übernahm er 1852 in Charlestown, Massachusetts /USA, legte sie jedoch zwei Jahre später wieder nieder.

Agassiz war ein Gegner der Evolutionstheorie Charles Darwins (s. S. 22). Er folgte der von Cuvier entwickelten Lehre des Katastrophismus (Kataklysmentheorie), wonach im Laufe der Erdgeschichte wiederholt große Katastrophen einen Großteil der Lebewesen vernichteten und sich aus den verbliebenen Arten in darauf folgenden Phasen neues Leben entwickelte. Gemäß dem zu seiner Zeit herrschenden Zeitgeist unterteilte er die menschlichen Rassen in höher zivilisierte und niedere Rassen. Diese Einschätzungen wurden in jüngster Zeit als rassistische Ansichten kritisiert.

Agassiz erfuhr zahlreiche Ehrungen. Unter anderem wurden in der Schweiz das Agassizhorn in den Berner Alpen, der Agassiz-Gletscher und der Agassiz-Creek im Glacier Nationalpark, der Mount Agassiz in den White Mountains in New Hampshire /USA, ein Krater auf dem Mars, ein Promontorium auf dem Mond und das Kap Agassiz in der Antarktis nach ihm benannt. Weiterhin sind eine Reihe von Tierarten nach ihm benannt worden. Er war Mitglied der Königlich Preußischen Akademie der Wissenschaften sowie der Leopoldina. 1836 erhielt er die Wollaston-Medaille der Geological Society of London.

Otto Martin Torell

*** 5. Juni 1828 in Varberg, Schweden, † 11. September 1900 in Stockholm, Schweden**

Otto Martin Torell wurde am 5. Juni 1828 als Sohn von Johan Petter Torell und seiner Frau Susanna Charlotta Varenius in Varberg, Schweden, geboren. Dort verbrachte er auch seine Kindheit und Schulzeit. 1844 begann er an der Universität von Lund in Südschweden Medizin zu studieren, doch wechselte sein Interesse bald zur Zoologie und Geologie. Als freiheitsliebender und unabhängig denkender Mensch entschied er sich schließlich für die Wissenschaften. Zunächst befasste er sich mit der Invertebraten-Fauna des Pleistozäns und deren physischer Veränderungen im Vergleich zu heutigen Formen. 1848 fand er bei Ausbaggerungsarbeiten nahe dem heutigen Sven Lovén Centre for Marine Sciences bei Kristineberg an der schwedischen Westküste fossile Exemplare der Muschel *Yoldia arctica*. Um das Vorkommen der Muscheln, die auf arktische Umweltbedingungen hindeuten, an dieser Stelle zu erklären, wandte er bereits 1850 die von Louis Agassiz (s. S. 26) aufgestellte Theorie an, nach der Gletscher einstmals weite Teile Europas und des Alpenraumes bedeckten. Er war schon in jungen Jahren davon überzeugt, dass die Gletscher einst bis nach Schweden und weit darüber hinaus reichten.

1853 promovierte Torell über ein medizinisches Thema. Er heiratete Anna Strömberg und hatte mit ihr 8 Kinder. 1860 wurde er Dozent an der Universität Lund und wurde dort 1866 zum Professor für Zoologie und Geologie ernannt. Doch auch nach dieser Berufung verfolgte er noch eine Zeit lang sein ursprüngliches Ziel, sich als Mediziner niederzulassen. So dachte er 1867 über eine berufliche Karriere als Arzt in England nach, doch schlussendlich ist er nie er als praktizierender Arzt tätig geworden.

Torell war einer der Mitbegründer des Schwedischen Geologischen Dienstes, dessen Direktor er von 1871 bis zu seinem Ruhestand im Jahre 1897 war. Er hat im Laufe seiner Karriere nicht besonders viele Publikationen herausgebracht und sie waren auch nicht besonders umfangreich. Doch es waren außerordentlich wichtige Beiträge zur Entwicklung des neu entstehenden Fachgebietes der Quartärgeologie, zu dem Torell entscheidend mit seinen Ideen beigetragen hat. Er gilt darüber hinaus heute als der Vater der Geologie von Schweden.

Von 1856 bis 1859 unternahm Torell zahlreiche Reisen in die Schweiz und nach Island, Spitzbergen und Grönland, um dort vor Ort die Phänomene der Vereisungen studieren zu können. 1861 führte er zusammen mit Adolf Erik Freiherr von Nordenskjöld (1832–1901) seine erste von zwei Arktis-Expeditionen ins Polarmeer durch. Diese Expedition gilt als die erste unter wissenschaftlichen Gesichtspunkten durchgeführte Arktis-Expedition und stellt damit den Beginn der wissenschaftlichen Polarforschung dar. Weitere Reisen führten ihn 1864 und 1868 erneut nach Spitzbergen. 1865 besuchte er die Niederlande, um sich dort einer besonderen Studie zu widmen. Die „Hollandsche Maatschappij der Wetenschappen" (Holländische Gesellschaft der Wissenschaften) hatte bereits 1841 einen Preis für die Beantwortung der Frage „Was ist von der Agassiz`schen Theorie zu halten, dass glaziale Moränen in Nordeuropa, weit entfernt von den heutigen Gletschern, auftreten?" ausgeschrieben. Torell untersuchte die eigenartigen Gesteinsformationen und reichte 1867 einen Vorschlag ein. Er stellte fest, dass es sich um Gesteine handelt, die durch einen Gletscher transportiert worden sind. Der Vorschlag wurde von der Wissenschaftsgesellschaft akzeptiert und ihm wurde der Preis, eine Goldmedaille im Wert von 400 Gulden sowie ein Geldbetrag in Höhe von 150 Gulden, zugesprochen. Doch zum großen Ärger der Haarlemer Gesellschaft holte Torell diesen Preis nie ab. Der Sekretär der Gesellschaft forderte ihn mehrfach auf ein Manuskript zur Publikation seiner Vorstellungen einzureichen. Das 300 Seiten starke Manuskript wurde jedoch erst nach Torell´s Tod vom Schwedischen Geologischen Dienst eingereicht und schließlich publiziert. Der Preis wurde posthum der Witwe Torell´s übergeben. Torell starb am 11. September 1900 in Stockholm.

1875 fand ein denkwürdiges Zusammentreffen Torells mit der Deutschen Geologischen Gesellschaft statt. Bei der Jahrestagung der Gesellschaft im November in Berlin wurde er zu einem Gastvortrag über seine Erkenntnisse zur Inlandeistheorie eingeladen. Unmittelbar vor seinem Vortrag besuchte er den Kalksteinbruch in Rüdersdorf nordöstlich von Berlin. Dort suchte er nach Striemungen in der Oberfläche des Kalksteins, die durch darüber hinwegziehende Gletscher verursacht wurden. Zusammen mit dem deutschen Geologen Gottlieb Berendt (1836–1920) und dem Bodenkundler Albert Orth (1835–1915) wurde er am östlichen Ende des Steinbruchs von Alvensleben fündig und präsentierte dieses Ergebnis gleich am Abend während seines Vortrages (Torell 1875). Er stieß mit den von ihm vorgebrachten Argumenten für eine bis nach Norddeutschland reichende Inlandvereisung eine lebhafte Diskussion an, die sich noch mehrere Jahre hinziehen sollte, bis die Inlandeistheorie sich endgültig durchsetzen konnte. Torell war in der Lage, den Ursprung der im nördlichen Europa aufzufindenden, dort aber nicht hingehörenden Gesteine aufzuzeigen. Dabei kamen ihm seine Erfahrungen zugute, die er während seiner Arktis-Expeditionen sammeln konnte. Er konnte zeigen, dass die Ablagerungen größtenteils glazialen oder fluvio-glazialen Ursprungs sind. In England konnte er darüber hinaus viele Gesteine mit skandinavischem Ursprung identifizieren.

Mit seinen Arbeiten gilt Torell als einer der ersten Wissenschaftler, die sich der Quartärgeologie widmeten. Er führte den Nachweis, dass Norddeutschland während des Pleistozäns (zu seiner Zeit noch als Diluvium bezeichnet) von Inlandeis bedeckt war. Er widerlegte damit die 1835 von Charles Lyell (s. S. 24) begründete Drifttheorie.

1870 wurde Torell in die Königlich-Schwedische Akademie der Wissenschaften als Mitglied aufgenommen. Nach ihm wurde das Torell-Land benannt, ein praktisch unbewohntes und von Gletschern bedecktes Gebiet im Südteil auf der zu Spitzbergen gehörenden Insel Svalbard. In Chemnitz gibt es den nach ihm benannten Torell-Stein und in Berlin die Torell-Straße.

William Smith

* 23. März 1769 in Churchill, Oxfordshire, UK, † 28. August 1839 in Northampton, UK

William Smith wurde am 23. März 1769 als Sohn des örtlichen Hufschmieds John Smith in Churchill, Oxfordshire, geboren. Im Alter von 7 Jahren verlor er als ältestes von 5 Kindern seinen Vater und wurde dann von seinem Onkel, der ebenfalls William Smith hieß, großgezogen. Er besuchte die örtliche Grundschule, in der sich bald seine mathematischen und zeichnerischen Fähigkeiten zeigten. Aus Büchern brachte er sich selbst ein umfangreiches methodisches Wissen auf dem Gebiet der Vermessungskunde bei, das ihm schließlich 1787 eine Anstellung als Assistent bei dem Landvermesser Edward Webb (1751–1828) aus Stow-on-the-Wold in Gloucestershire einbrachte. In den folgenden 4 Jahren erwarb er die Kenntnisse, die ihn fortan als Vermesser und Ingenieur auszeichneten, ein Berufszweig, der in den Jahren des Kanalbaus und der zunehmenden Kohleförderung in England sehr gefragt war. 1791 kam er nach Somerset, wo er im dortigen Kohlebezirk ein eigenes Vermessungsgeschäft startete. Die nächsten 8 Jahre seines Lebens verbrachte er in High Littleton in der Nähe von Bath, wo er sich in einem Bauernhaus ein Büro einrichtete. Zunächst arbeitete er noch für Webb, für den er zahlreiche Kohlegruben in der Gegend um Bath inspizierte. Hier kam Smith erstmalig mit den verschiedenen Lagen von Gesteinen und Kohle in Kontakt. 1794 wechselte er als Ingenieur zur Somersetshire Coal Canal Company, wo er die Kanalbauarbeiten beaufsichtigte. Seine Studien in den Kohlegruben und die ab 1794 hinzukommenden Beobachtungen an Gesteinsschichten, die bei Kanalarbeiten freigelegt wurden, stellten die Grundlage für die Entwicklung seiner Theorien zur Stratigraphie dar. Die vergleichenden Betrachtungen auch mit Gesteinsabfolgen weiter im Norden Englands zeigten Smith, dass die Gesteinsschichten einer regelmäßigen Anordnung folgten. Ihre Abfolge war vorhersehbar und die Schichten befanden sich stets in der gleichen relativen Position zueinander. Außerdem stellte er fest, dass die einzelnen Schichten anhand der in ihnen enthaltenen Fossilien identifizierbar und voneinander zu unterscheiden waren. Er konnte ausgehend von den älteren hin zu den jüngeren Gesteinen dieselbe Anordnung von Fossiliengruppen an vielen Orten in England wiederfinden. Er begründete damit das Prinzip der Faunenfolge. Mithilfe dieser Erkenntnisse war es möglich, weit voneinander entfernt liegende Gesteinsschichten miteinander zu korrelieren und sie somit zeitlich der gleichen Stufe auf der geologischen Zeitskala zuzuordnen. Darüber hinaus begann Smith die Mächtigkeiten der einzelnen Schichten zu bestimmen und Profilschnitte anzufertigen. Das trug ihm den Spitznamen „Strata Smith“ ein. 1799 entwarf er eine Tabelle der geologischen Schichtabfolge, in der neben der Bezeichnung und dem Alter auch Daten zum Fossilinhalt und zur Mächtigkeit der einzelnen Schichten vermerkt waren. Diese Tabelle stellt den ersten verwendbaren Vorläufer der heutigen stratigraphischen Tabellen dar. Basierend auf diesen Erkenntnissen konnte Leopold von Buch (s. S. 32) das Prinzip der Leitfossilien entwickeln.

Später übertrug Smith die in Bodenkarten verwendete Methode, unterschiedliche Bodenarten und Vegetation durch verschiedene Farben darzustellen, auf seine eigenen Karten, in denen er die horizontale Ausdehnung der unterschiedlichen Gesteinseinheiten darstellte. 1799 produzierte er mit dieser Methode eine erste geologische Karte der Umgebung von Bath. 1801 erschien ein erster grober Entwurf seiner geologischen Karte von England und Wales, die er 1815 in einer detaillierten Ausarbeitung präsentierte. Diese Karte ging in die Geschichte der geologischen Wissenschaften als *„Die Karte, die die Welt veränderte“* ein. Zwar war Smith nicht der erste, der eine geologische Karte erstellt hatte (6 Jahre zuvor publizierte William Maclure, 1763–1840, eine geologische Übersichtskarte der damaligen USA), doch deckte seine geologische Karte eine größere Fläche ab und zeigte einen ungleich größeren Detailreichtum.

1799 wurde Smith plötzlich aus den Diensten der Somersetshire Coal Canal Company entlassen, vermutlich aufgrund von Meinungsverschiedenheiten unter den Ingenieuren. Doch Smith hatte einen guten Ruf in Bath und konnte sich in kurzer Zeit als Geologie-Ingenieur mit einem eigenen Geschäft etablieren. 1804 verlagerte er sein Geschäft nach London, wo er seine inzwischen recht umfangreiche Fossiliensammlung und die bis dahin erstellten geologischen Karten ausstellen konnte.

Unglücklicherweise wurden seine geologischen Karten von der Geological Society of London als Plagiate zu sehr viel geringeren Preisen als er selbst dafür verlangte verkauft. Smith verschuldete sich deswegen und ging schließlich, obwohl er seine geologische Sammlung an das Britische Museum verkaufte, 1819 bankrott. Das brachte ihm sogar einige Wochen Schuldnerhaft im Londoner King`s Bench Prison ein. Nachfolgend arbeitete Smith als herumreisender Vermesser. Während dieser Jahre konnte er Arbeiten für ein weiteres großes Kartierungsprojekt durchführen, seinen von 1821 bis 1824 publizierten Geologischen Atlas. Basierend auf den topographischen Karten von John Cary (1754–1835) erstellte er geologische Karten von 21 Grafschaften.

1824 bis 1826 war Smith verantwortlich für den Bau der Rotunda, einem geologischen Museum für die Yorkshire Küste. Heute trägt dieses Museum den Namen *„Rotunda – the William Smith Museum of Geology“*. 1831 erhielt er endlich auch von der Geological Society of London die ihm gebührende Anerkennung. Er erhielt als erster die Wollaston-Medaille, die heute als höchste Auszeichnung der GSL gilt. Adam Sedgwick (1785-1873), der damalige Präsident der GSL, bezeichnete ihn als den *„Vater der englischen Geologie“*. König William IV gewährte ihm 1832 eine lebenslange Pension in Höhe von 100 £ pro Jahr. Er wurde in eine Reihe von ehrenvollen Kommissionen gewählt, darunter die Auswahlkommission für die Steine, die zur Wiedererrichtung des Westminster-Palastes verwendet werden sollen. 1835 erhielt Smith, völlig unerwartet während einer Reise mit der British Association nach Dublin, einen Ehrendoktor des Dubliner Trinity Colleges. 1839 starb William Smith plötzlich nach einer Erkältung in Northampton. 2009 wurde das neue Gebäude des British Geological Survey in Keyworth nach ihm benannt.

Leopold von Buch

* 26. April 1774 in Stolpe an der Oder, † 4. März 1853 in Berlin

Christian **Leopold** von Buch wurde am 4. März 1774 als Sohn des königlich preußischen Geheimrates Adolf Friedrich von Buch und seiner Ehefrau Charlotte von Buch, geb. von Arnim, in Stolpe an der Oder (Uckermark, Brandenburg) geboren. Schon früh in seiner Jugendzeit interessierte er sich für die Naturwissenschaften und bereitete sich bereits im Alter von 15 Jahren auf ein Studium des Bergbauwesens vor. 1790 begann er sein Studium an der Bergakademie in Freiberg und wurde dort ein Schüler des damals weithin bekannten Geognosten Abraham Gottlob Werner (s. S. 14). Hier traf er mit Alexander von Humboldt (s. S. 34) und Johann Carl Freiesleben (1774–1846) zusammen, mit denen er zeitlebens eine innige Freundschaft pflegte. Geprägt von seinem von ihm überaus verehrten Lehrer Abraham Gottlob Werner übernahm von Buch die neptunistischen Ansichten Werners und wurde zunächst selbst ein Anhänger dieser Theorie. Die Neptunisten nahmen an, dass alle Gesteine der Erde aus einem Meer entstanden sind. Ihnen gegenüber standen die Vulkanisten oder Plutonisten, die die Entstehung der Gesteine als Produkte vulkanischer Aktivitäten oder der Erstarrung von Schmelzen ansahen. Später erkannte auch von Buch, dass sich viele Phänomene mit der neptunistischen Sichtweise nicht erklären lassen.

Von Buch hatte das Glück, über solch umfangreiche Mittel zu verfügen, dass es ihm möglich war, sich voll und ganz seiner Wissenschaft zu widmen und Reisen ins In- und Ausland zu unternehmen. Er war ein unermüdlicher Beobachter geologischer Verhältnisse und häufte ein enormes Detailwissen an, das er in seinen Schriften festhielt. Leopold von Buch wird heute als der erste Feldgeologe in Deutschland angesehen. Er versuchte anhand seiner Beobachtungen ein Gesamtbild der Geologie Mitteleuropas zu entwerfen und veröffentlichte 1826 die erste vollständige geologische Karte von Deutschland.

Anfänglich befasste sich von Buch vordringlich mit den Phänomenen des Vulkanismus. Er wollte die vulkanischen Erscheinungen aus eigener Erfahrung kennen lernen und brach zu einer Reise nach Italien auf. Aufgrund von Kriegswirren musste er allerdings eine Zeit lang in den nördlichen Alpen verbringen, wo er auf seinen Streifzügen gemeinsam mit Alexander von Humboldt Erkundungen anstellte, die ihn mehr und mehr an der Richtigkeit der neptunisitschen Theorie zweifeln ließen. Insbesondere die Lagerungsverhältnisse des Porphyrs in Südtirol konnte er mit dem neptunistischen Weltbild nicht vereinbaren. 1798/99 und 1802 konnte er endlich den Vesuv und die Vulkane in der Auvergne besuchen. Die neptunistische Ansicht, dass der Vulkanismus durch im Untergrund brennende Kohlen ausgelöst wird, die ein Umschmelzen des Gesteinsmaterials bewirken, konnte er hier wiederlegen. In der Auvergne fand er Basalt direkt auflagernd auf Granit, was ihn dazu veranlasste, den Basalt als geschmolzenen Granit zu interpretieren. Diese Befunde brachten ihn schließlich dazu, sich von der neptunistischen Ansicht Werners zu lösen, obwohl er sich damit gegen seinen Lehrer Werner stellen musste. 1805 kehrte er erneut zum Vesuv zurück, erlebte er dort ein Erdbeben und einen gemäßigten Ausbruch des Vulkans, der ihn tief beeindruckte und den er genauestens in seinen Reisebeschreibungen dokumentierte. Auch dies trug zur Festigung seiner veränderten Ansicht bei und von Buch wandelte sich zu einem Ultraplutonisten, der nunmehr alle Prozesse mit der Einwirkung plutonischer oder vulkanischer Aktivität erklärte. Insbesondere die Heraushebung der Gebirge erklärte er in seiner Erhebungstheorie mit dem Eindringen von geschmolzenen Gesteinen, durch die die Erdkruste angehoben und an der Oberfläche zerrissen wird. 1815 nutzte er eine Gelegenheit zum Besuch der kanarischen Inseln, wo er sich wiederum mit den vulkanischen Strukturen befasste. Auf der Insel La Palma prägte er den bis heute verwendeten Begriff der Caldera für einen Einsturzkrater.

In späteren Jahren widmete sich von Buch vermehrt der Fossilienforschung. Er brachte den bis heute verwendeten Begriff des Leitfossils in die Paläontologie ein und gilt als einer der Begründer der Stratigraphie. 1839 veröffentlichte er ein Buch, in dem er das stratigraphische System des Juras definierte. Auch der Begriff Keuper, der heute synonym für die obere Trias steht, wurde von ihm in den wissenschaftlichen Sprachgebrauch eingeführt, allerdings verwandte er ihn für ein Gestein, das er dem Buntsandstein (synonym für die untere Trias) zuordnete.

Weiterhin beschäftigte sich von Buch mit umgelagerten großen Gesteinsblöcken, die sich weit von ihrem Ursprungsort fanden und die er als erratische Blöcke (Findlinge) bezeichnete. Er fand sie weit verbreitet in den Alpen und am Alpenrand sowie später auch in Norddeutschland, war sich aber über ihre Entstehung, die er in einem gewaltigen Stoß sah, nicht im Klaren.

Von Buch wurde 1806 aufgrund seiner schon zu dieser Zeit weitgehend anerkannten Leistungen zum außerordentlichen und 1808 zum ordentlichen Mitglied der Akademie der Wissenschaften in Berlin gewählt. 1842 erhielt er den vom preußischen König Friedrich Wilhelm IV gestifteten *„Orden Pour le Mérite für Wissenschaften und Künste“*. Im gleichen Jahr wurde er von der Geological Society of London mit der Wollaston-Medaille ausgezeichnet. 1850 ernannte ihn der Nassauische Verein für Naturkunde zu seinem Ehrenmitglied. In Anerkennung seiner Verdienste um das Verständnis von Vulkankratern wurde nach ihm der Buch-Krater auf dem Mond benannt.

1848 gründete Leopold von Buch zusammen mit fast 50 Gründungsmitgliedern die Deutsche Geologische Gesellschaft (DGG), deren erster Vorsitzender er wurde. Zu den Gründungsmitgliedern gehörte u.a. auch sein Freund Alexander von Humboldt. Die DGG (heute Deutsche Geologische Gesellschaft – Geologische Vereinigung, DGGV) vergibt in Erinnerung an ihren Gründungsvorsitzenden und äußerst vielseitigen Vordenker, der wie kein anderer die geologischen Wissenschaften befördert hat, seit 1946 die Leopold-von-Buch-Plakette. 1853 starb von Buch in Berlin, nachdem er kurz zuvor von einer Reise zurückgekommen war. Seine Grabstätte in Stolpe ist heute eine Gedenkstätte, die von der DGGV verwaltet wird.

Alexander von Humboldt

* 14. September 1769 in Berlin, † 6. Mai 1859 in Berlin

Alexander von Humboldt (mit vollem Namen Friedrich Wilhelm Heinrich Alexander) wurde 1769 als Sohn des preußischen Offiziers Alexander Georg von Humboldt und seiner Frau Marie Elizabeth, geborene Colomb und verwitwete von Holwede in Berlin geboren. Er war der jüngere Bruder von Wilhelm von Humboldt (1767–1835), einem preußischen Gelehrten, Schriftsteller und Staatsmann, der das preußische Bildungswesen neu organisierte und die Friedrich-Wilhelms-Universität in Berlin gründete.

Seine schulische Ausbildung erhielt Alexander von Humboldt zusammen mit seinem Bruder über verschiedene Hauslehrer, die dem aufklärerischen Denken seiner Zeit offen gegenüberstanden. Obwohl Alexander als lernunwillig galt, war er es doch, der sich schon frühzeitig den Naturwissenschaften mit der Beobachtung von Insekten und der Sammlung von Steinen und Pflanzen zuwandte. Außerdem verfügte er über ein Zeichen- und Maltalent, das ihn später dazu befähigen sollte, seine Reiseberichte mit hervorragenden Illustrationen zu versehen. Schon im Alter von 17 Jahren präsentierte er in einer Ausstellung der Berliner Akademie einige seiner Kupferstiche und Radierungen.

Sein Studium begann Alexander von Humboldt in Frankfurt an der Oder, wo er an der Viadrina die Staatswirtschaftslehre (Kameralwissenschaft) studierte. Schon nach einem Semester wechselte er jedoch nach Berlin, wo er sich vorwiegend mit botanischen Studien beschäftigte. 1789 ging er zusammen mit seinem Bruder nach Göttingen, wo er sich mit der Physik (bei Georg Christoph Lichtenberg, 1742–1799) und Zoologie sowie der Anthropologie (bei Johann Friedrich Blumenbach, 1752–1840) befasste. In diesen Kreisen kam er in Kontakt mit Wissenschaftlern, die Forschungsreisen als eine bedeutende Erkenntnisquelle ansahen und für sein weiteres Leben von herausragender Bedeutung waren. Mit Georg Forster unternahm er 1790 seine erste mehrmonatige Forschungsreise entlang des Niederrheins nach England und zurück über Paris. Trotz dieser „Ausflüge" in die Naturwissenschaften gelang es Humboldt aber, sein Wirtschaftsstudium in Hamburg zu beenden.

1791 trat Humboldt in Freiberg in den Staatsdienst ein, der ihm zunächst noch ein weiteres Studium an der Bergakademie ermöglichte. Das normalerweise drei Jahre dauernde Studium absolvierte er in 8 Monaten. Seinen täglichen Einfahrten in die Gruben folgten am Nachmittag und Abend noch mehrere Studienkollegien, die er u.a. bei Abraham Gottlob Werner (s. S. 14) absolvierte. Seine vielbeachteten Publikationen, die er nebenher anfertigte, führten dazu, dass er schon nach kurzer Zeit zum Oberbergmeister ernannt wurde und die Sanierung des Bergbaus im Fichtelgebirge und Frankenwald leitete. Aufgrund seiner Erfahrungen trug er maßgeblich zur Entwicklung von Atemschutzgeräten und zur Verbesserung von Grubenlampen bei. Alexander von Humboldt wurde bis in das höchste Staatsamt des Oberbergrats befördert, doch konnten ihn weder diese hohe Stellung noch zusätzliche Angebote zum Gehalt und zu weiteren Freiheiten im Amt halten. Sein vordringliches Ziel galt den Forschungsreisen.

Humboldt war durch den Tod seiner Mutter vermögend geworden, womit er sich als Naturforscher unabhängig machen konnte. Ab 1797 plante er seine große Forschungsreise, die ihn vor allem nach Südamerika führen sollte. Seine Vorbereitungen traf er, indem er in unterschiedlichen Landschaften, wie zum Beispiel in den Alpen seine vielfältigen Messinstrumente und Untersuchungsmethoden erprobte. Während seiner Vorbereitungsstudien lernte er 1798 bei seinen Vortragsveranstaltungen in Paris den Botaniker Aimé Bonpland (1773–1858) kennen, mit dem er die Reise dann von 1799 bis 1804 durchführte.

Ursprünglich wollte Humboldt von Südfrankreich aus auf ein Schiff gelangen, das ihn nach Südamerika bringt. In den politischen Wirren der damaligen Zeit war das jedoch nicht möglich und er orientierte sich um nach Spanien. Mit diplomatischem Geschick schaffte es Humboldt, dass er sich im gesamten spanischen Kolonialgebiet nach Gutdünken bewegen konnte und die Unterstützung der Gouverneure erhielt. Am 5. Juni 1799 stach er von La Coruña aus mit einer spanischen Fregatte in See, die ihn nach einem kurzen Zwischenstopp auf Teneriffa während dem er den Pico del Teide bestieg, am 16. Juli 1799 nach Cumaná in Venezuela brachte. Insgesamt unternahm Humboldt drei große, jeweils viele Monate dauernde Expeditionen. Die erste Reise führte ihn in den tropischen Regenwald an den Rio Orinoco und Rio Negro, wo er u.a. eine Verbindung zum Rio Amazonas nachweisen konnte. Bei der zweiten Reise standen die Anden im Mittelpunkt, wobei er neben vielen anderen Orten und Bergen auch den Chimborazo erkundete. Dessen Erkundung und Beschreibung gehört sicher zu den bekanntesten Arbeiten Humboldts, aber auch sie stellt nur einen kleinen Teil des umfangreichen, 36 Bände umfassenden Werkes über die Expedition dar. Die dritte Reise führte ihn schließlich nach Mexiko, wo er ein barometrisches Höhenprofil von Acapulco an der Pazifikküste über Mexiko-Stadt nach Veracruz an der Atlantikküste erstellte. Die Arbeiten, die er in Mexiko und Kuba durchführte, wurden zu einem Grundstein der modernen Geographie. Kurz bevor Humboldt am 3. August 1804 nach Europa zurückkehrte, besuchte er die USA, wo er u.a. als Gast des Präsidenten Thomas Jefferson einige Wochen verbrachte. Es sollten mehr als zwei Jahrzehnte vergehen, bevor er wieder zu einer Forschungsreise aufbrechen konnte, die ihn dann 1829 nach Russland, in den Ural, ins Altai-Gebirge, bis an die chinesische Grenze und ans Kaspische Meer führte.

Das Lebenswerk Humboldts umfasst eine Gesamtschau der wissenschaftlichen Erforschung der Welt Mitte des 19. Jahrhunderts: der „*Kosmos*", 1845 bis 1862 in fünf Bänden erschienen. Er trug zu vielen Bereichen der Wissenschaft Grundlegendes bei, darunter sind die Naturwissenschaften Botanik, Zoologie, Anatomie, Geologie und Astronomie, aber auch die Altertums- und Geschichtswissenschaft, Mathematik und Philologie. Das Universalgenie Alexander von Humboldt, der 1848 zu den Mitbegründern der Deutschen Geologischen Gesellschaft gehörte, starb am 6. Mai 1859 in Berlin.

Alexandre Brongniart

*** 5. Februar 1770 in Paris, Frankreich, † 7. Oktober 1847 in Paris, Frankreich**

Alexandre Brongniart wurde 1770 als Sohn des bekannten Pariser Architekten Alexandre-Théodore Brongniart und seiner Frau Anne-Louise, geb. d'Aigremont, in Paris geboren. Er studierte an der École des Mines in Paris und später an der École de Médecine, und war im Anschluss daran eine Zeit lang der Assistent seines Onkels Antoine-Louis Brongniart (1742–1804), der damals als Professor für Chemie am Jardin des Plantes tätig war. Eine kurze Zeit verbrachte er als Aide Pharmacien beim französischen Militär in den Pyrenäen, bevor er 1794 nach Paris zurückkehrte und zunächst als *ingénieur des mines* und ab 1797 als Professor für Naturgeschichte an der École Centrale des Quatre-Nations lehrte. 1818 wurde er zum *ingénieur en chef des mines* ernannt und bekam 1822 die Professur für Mineralogie am Muséum d'Histoire Naturelle in Paris. Bereits 1815 wurde er zum Mitglied der Académie des Sciences gewählt, 1824 folgte die Mitgliedschaft in der Deutschen Akademie der Naturforscher Leopoldina und seit 1827 war er korrespondierendes Mitglied der Preußischen Akademie der Wissenschaften.

Brongniart beschäftigte sich intensiv mit der Entwicklung von keramischen Materialien. Als junger Mann reiste er unmittelbar nach der Revolution im eigenen Land nach England und lernte dort die Techniken der Keramikindustrie. 1800 wurde er von Napoleon´s Innenminister zum Direktor der Porzellanfabrik in Sèvres ernannt und hielt diesen Posten trotz vieler Wechsel in der französischen Regierung bis zum seinem Tod 1847. Während dieser Zeit gründete er das französische Nationalmuseum für Keramik (Le musée national de Céramique) in Sèvres. Der Direktorenposten erlaubte es ihm, 1800 seine Frau Cecile zu heiraten, mit der er einen Sohn hatte (Adolphe-Théodore Brongniart, 1801–1876), der sich als Paläobotaniker und Botaniker ebenfalls einen Namen machte. Die Probleme der Keramiktechnologie beschäftigten Brongniart bis zuletzt. So war seine letzte große Arbeit das Lehrbuch „*Traité des arts céramiques*".

Erste wissenschaftliche Arbeiten publizierte Brongniart schon 1791 zu zoologischen und mineralogischen Themen. Stark von seinem Zeitgenossen Georges Cuvier (s. S. 20) beeinflusst, brachte er 1800 ein neues Klassifikationsschema für die Reptilien heraus („*Essai d'une classification naturelle des reptiles*"), die er in vier Klassen einteilte. Er erkannte allerdings, dass sich die Gruppe der Amphibien deutlich von den anderen unterschied. Sie wurde dann dementsprechend von Pierre André Latreille (1762–1833) 1804 in eine separate Klasse eingeteilt. Zwar ist Brongniarts Einteilung heute nicht mehr aktuell, sie ist aber in den Grundzügen auch heute noch in der modernen Systematik enthalten.

Zusammen mit Cuvier erkundete Brongniart intensiv die stratigraphischen und strukturellen Zusammenhänge im Pariser Becken. Cuvier hatte schon damit begonnen, ausgestorbene Säugetiere zu rekonstruieren, wobei er spektakuläre Funde machte, die zu unterschiedlichen zeitlichen Perioden gehörten. Was ihm aber noch fehlte, war ein stratigraphisches Gerüst, um das relative Alter seiner Funde zu bestimmen. Aus diesem Grund begannen Brongniart und Cuvier ab 1804 mit einer Reihe von Traversen quer durch das Pariser Becken, um die Schichten und ihre Lagerung systematisch zu erfassen. 1808 veröffentlichten sie ihren „*Essai sur la géographie mineralogique des environs de Paris*", den sie 1811 um eine kolorierte geologische Karte und mehrere Profilschnitte erweiterten. Obwohl Brongniart die meiste Arbeit an diesem Werk geleistet hat, überließ er doch Cuvier die Erstautorenschaft bei diesem Werk. In dieser Studie zeigten sie, dass es im Pariser Becken zu unterschiedlichen Zeiten sowohl Süßwasser- als auch Salzwasserablagerungen gab. Damit widerlegten sie die These, dass es sich bei den Ablagerungen um die Sedimente eines immer kleiner werdenden Ozeans handelt. Zum ersten Mal nutzten sie in dieser Arbeit Fossilien zur präzisen Korrelation der Schichten. Unabhängig von Cuvier und Brongniart entwickelte dieses Konzept auch William Smith (s. S. 30), der sich mit jurassischen Gesteinen in England beschäftigte, seine stratigraphischen Korrelationen aber erst etwas später 1815 herausbrachte. Brongniart erkannte weiterhin, dass das Erscheinen bestimmter Fossilien für die Zeiteinteilung sehr viel wichtiger ist als der lithologische Charakter der Schichten. Er korrelierte die tertiären Tone des London Clay in Südengland mit den Ablagerungen des Pariser Beckens, obwohl sie sich in ihrer Lithologie komplett unterschieden. Er hatte damit das Prinzip der Fazies erkannt und in seiner Arbeit „*Sur les caractères zoologiques des formations*" 1821 beschrieben. In der Folgezeit war er in der Lage, anhand von Fossilien weit auseinander liegende Gebiete zeitlich zu korrelieren. So stellte er Übereinstimmungen der Fossilien aus der Pariser Gegend mit solchen aus den Alpen fest, die dort teilweise auf hohen Gipfeln vorkamen.

Brongniart war der erste, der die sedimentären Ablagerungen des Tertiärs in ihrer zeitlichen Abfolge beschrieb, wobei er sich immer auf die Fossilien als wichtigstes Unterscheidungsmerkmal stützte. Er beschäftigte sich neben den tertiären Fossilien aber auch mit solchen, die zu seiner Zeit als älteste Lebensformen galten. Die in jüngeren Schichten komplett fehlenden Trilobiten erweckten sein Interesse und er führte die erste systematische Studie zu dieser Fossiliengruppe durch. Er erkannte, dass auch mit diesen Fossilien relative Zeitabfolgen bestimmt werden können, hatte aber schließlich zu wenig Material, um eine tragfähige Schichtabfolge konstruieren zu können. Er vermutete richtig, dass es möglich ist, europäische und amerikanische Fossilien miteinander zu vergleichen und in eine Altersbeziehung zu bringen. Für die paläozoischen Gesteine waren seine Arbeiten zu den Trilobiten ein wichtiger Beitrag für die spätere Einteilung mithilfe der Leitfossilien.

Magmatische Gesteine wurden zu Brongniarts Zeiten noch generell als die ältesten Gesteine angesehen. Brongniart fand aber im Apennin Gabbros, die auf älteren Sedimentgesteinen aufliegen („*Gisement des ophiolites*", 1821). Er hatte zwar keinerlei Hinweise, wie alt die Sedimente unter den Gabbros waren, aber er erkannte, dass magmatische Gesteine auch deutlich jünger sein können als die ältesten, fossilführenden Schichten.

Ernst Friedrich von Schlotheim

* 2. April 1764 in Allmenhausen bei Sondershausen, † 28. (evtl. 23.) März 1832 in Gotha

Ernst Friedrich Freiherr von Schlotheim wurde 1764 als Sohn von Ernst Ludwig von Schlotheim (1736–1797) und seiner Frau Friederike Eberhardine von Stangen in Allmenhausen bei Sondershausen in Thüringen geboren. Seine schulische Ausbildung erhielt er durch einen Hauslehrer. 1776 zog die Familie nach Tonna bei Gotha um (heute Gräfentonna in Thüringen), wo der Vater Amtshauptmann der Herrschaft Tonna wurde. Ab 1779 besuchte von Schlotheim das Gymnasium Ernestinum in Gotha.

1782 begann er ein Studium der Rechtswissenschaften und Kameralwissenschaften, daneben aber auch der Naturwissenschaften an der Universität Göttingen. 1783 wurde von Schlotheim von der Freimaurerloge *„Augusta zu den drei Flammen"* in Gotha als Geselle aufgenommen. 1784 kehrte er nach Gotha zurück, wo er sich zunächst privat intensiv mit der Mineralogie beschäftigte. 1787 wurde ihm in Gotha der Meistergrad der Gothaer Freimaurerloge *„Zum Kompaß"* verliehen.

Einige Jahre später, 1791 bis 1792, ging er nach Freiberg in Sachsen und studierte an der Bergakademie bei Abraham Gottlob Werner (s. S. 14) Mineralogie (das zu seiner Zeit noch als Oryktognosie bezeichnet wurde) und Eisenhüttenkunde und ab 1792 Bergmaschinenwesen. Dort traf er mit Alexander von Humboldt (s. S. 34), Leopold von Buch (s. S. 32) und Johann Carl Freiesleben (1774–1846), später ein sächsischer Oberberghauptmann, zusammen, die dort zur gleichen Zeit studierten. Während dieser Zeit unternahm von Schlotheim eine Reise in den Harz, die ihn u.a. nach Clausthal, Andreasberg, zum Brocken, nach Thale, Blankenburg, Harzburg und weitere Orte führte. In Clausthal und Andreasberg studierte er den Aufbau eines Bergwerkes und den Verhüttungsprozess des Silbererzes. Spätere Reisen unternahm er zu einer Saline und in ein Braunkohlewerk. In Mohrungen und Hettstett im Mansfelder Land besichtigte er den dortigen Kupferschieferbergbau. In der Grube *„Preußische Hoheit"* hatte er die Gelegenheit, die erste nach Deutschland importierte Dampfmaschine zu studieren.

Nach Beendigung seiner Studien wurde von Schlotheim zunächst zum Beisitzer des Kammerkollegiums ernannt. In dieser Funktion musste er sich um die Saalfeldischen Bergwerksangelegenheiten kümmern. Daneben war er auch für die Museen, das Münzkabinett und die herzogliche Bibliothek zuständig. 1798 heiratete von Schlotheim Christiane von Helmolt (1766–1825), mit der er drei Kinder hatte. 1805 wurde er zum Kammerrat des Kollegiums ernannt und erhielt 1813 die Würde eines Geheimen Rates am Herzoglichen Hause zu Gotha. 1817 wurde er schließlich zum Präsidenten des Kammerkollegiums ernannt. Dieses Amt hatte er bis 1828 inne. Im selben Jahr wurde er vom Herzog zum Oberhofmarschall ernannt, musste sich aber bald von seinen Ämtern zurückziehen, da er in diesem Jahr auch einen Schlaganfall erlitt. 1832 starb von Schlotheim in Gotha, wobei es nicht ganz klar ist, ob es der 23. oder 28. März war.

Von Schlotheim beschäftigte sich schon frühzeitig mit dem Sammeln von Versteinerungen. Er begann zunächst in den Rotliegend-Ablagerungen Thüringens zu sammeln, die durch den Steinkohlebergbau vor allem in der Gegend um Manebach im Thüringer Wald zugänglich wurden. In diesen Ablagerungen entdeckte er vor allem Abdrücke von Pflanzen in großer Zahl, die er systematisch untersuchte und beschrieb. Von Schlotheim gilt wegen der daraus entstandenen Publikationen, in denen er die Pflanzenfossilien detailliert beschreibt und abbildet, als Vater der Paläobotanik. In seinem 1804 erschienenen phytopaläontologischen Werk *„Beschreibung merkwürdiger Kräuter-Abdrücke und Pflanzenversteinerungen"* interpretiert er die gefundenen Fossilien als Überreste von baumartigen Farnen, indem er sie mit rezenten Formen vergleicht und ihre Ähnlichkeiten feststellt. Dabei kam er zu dem Schluss, dass in Thüringen zur Zeit ihrer Bildung ein deutlich wärmeres, tropisches Klima geherrscht haben muss. Weiterhin erkannte er, dass die sogenannten „Kegelberge von Thal und Bad Liebenstein" aus Korallenriffen aufgebaut sind. 1813 veröffentlichte er eine chronologische Übersicht aller ihm bekannten Fossilien, die er nach den verschiedenen Formationen ordnete, in denen sie gefunden wurden. Er erkannte, dass sich Fossilien hervorragend dazu eignen, das relative Alter eines Gesteins zu bestimmen. Später beschäftigte sich von Schlotheim auch mit den Überresten tierischer Lebewesen, wobei er sich vor allem den Fossilien des Muschelkalkes widmete.

Schlotheims größte wissenschaftliche Leistung ist die Anwendung des aktualistischen Prinzips auf Fossilien und die Feststellung der Schichtgebundenheit zahlreicher Fossilien. In seinem wichtigsten Werk, *„Die Petrefaktenkunde"* (veröffentlicht 1820, mit Nachträgen 1822/1823), verglich er die Versteinerungen mit heutigen Lebewesen, erkannte ihre Gemeinsamkeiten und gliederte sie folgerichtig in das System der binären Nomenklatur von Carl von Linné (1707–1778) ein. Er stellte außerdem fest, dass zeitgleiche Schichten zum Teil fossilleer sind, zum Teil aber auch sehr fossilreich sein können. Damit nahm er den Begriff der Fazies bereits vorweg.

Bemerkenswert ist, dass von Schlotheim das aktualistische Prinzip viele Jahre vor Charles Lyell (s. S. 24), der aufgrund seiner 1842 veröffentlichten *„Principles of Geology"* als Begründer des Aktualismus gilt, anwandte. Er stand der Katastrophentheorie Georges Cuviers (s. S. 20) kritisch gegenüber und stellte Überlegungen an, dass sich die einstigen Arten in die heutigen umbilden könnten. Darin deutet sich bereits die Vorstellung von Evolution und Formenbildung an, weswegen von Schlotheim heute auch als ein früher Vorläufer der Evolutionstheorie gilt.

1808 wurde von Schlotheim zum korrespondierenden Mitglied der Bayerischen Akademie der Wissenschaften ernannt, 1811 zum Mitglied der Akademie gemeinnütziger Wissenschaften zu Erfurt. 1823 folgten die Mitgliedschaften in der Königlich Dänischen Akademie der Wissenschaften und der Leopoldina. 1828 wurde er schließlich zum Ehrenmitglied der Preußischen Akademie der Wissenschaften ernannt. Vom Herzog erhielt er 1828 die Würde des „Wirklichen Geheimen Rates".

Joachim Barrande

* 11. August 1799 in Saugues, Haute-Loire, Frankreich, † 5. Oktober 1883 in Frohsdorf, Niederösterreich

Joachim Barrande wurde 1799 als Sohn des Landbesitzers und Textilkaufmanns Augustin Barrande und seiner Frau Charlotte-Louise, geb. Torrant, in der kleinen Ortschaft Saugues in der provençalischen Provinz (Languedoc) geboren. Seine Ausbildung begann er am Collège Stanislas in Paris. An der École Polytechnique und der École Nationale des Ponts et Chaussées in Paris studierte er Brücken- und Straßenkonstruktion (1821–1824) und schloss das Studium mit dem Titel eines Zivilingenieurs ab. Direkt danach entwickelte sich sein Interesse für die Naturgeschichte. Insbesondere Georges Cuvier (s. S. 20), Alexandre Brongniart (s. S. 36) und Jean-Baptiste Lamarck (1774–1829) beeinflussten sein späteres Wirken in der Paläontologie. Über enge Beziehungen zur königlichen Familie wurde er ab 1826 als Hauslehrer für den Enkel des letzten französischen Bourbonen-Königs Charles X. engagiert, der er bis 1833 blieb. Barrande folgte dem König nach der Juli-Revolution 1830 ins Exil erst nach Schottland und dann nach Prag. In Schottland hatte er Gelegenheit, sich mit der noch in den Anfängen steckenden Erforschung des frühen Paläozoikums, das vor allem von Sir Roderick Impey Murchison (1792–1871) betrieben wurde, zu beschäftigen.

Nach seinem Rückzug aus der Hauslehrerschaft für den Kronprinzen lernte Barrande über seine Kontakte in die adligen Häuser Böhmens auch die Naturforscher kennen, die sich mit den paläozoischen Gesteinen Böhmens befassten, darunter Franz Xaver Zippe (1791–1863), den damaligen Kustos der naturhistorischen Sammlung im Prager Vaterländischen Museum (heute Nationalmuseum) und Kaspar Maria von Sternberg (1761–1838), den Gründer dieses Museums. Sternberg bat Barrande in seiner Eigenschaft als Ingenieur um ein technisches Gutachten zur Pferdebahn von Prag nach Lana, die zuvor wegen Baumängeln eingestellt worden war. Im Laufe seiner Untersuchungen für dieses Gutachten stieß Barrande zwischen Kladno und Pilsen auf die heute weltberühmten Trilobitenfundorte bei den Ortschaften Skrei (Skryje nad Berounkou) und Moderhof (Týřovice nad Berounkou) im Tal der Berounka. Er identifizierte sehr gut erhaltene Trilobiten aus dem Kambrium und entschied sich schließlich endgültig für eine Weiterführung seiner Studien in den Naturwissenschaften. Zwischen 1840 und 1850 unternahm er umfangreiche Untersuchungen in den Gesteinen des Silurs in Böhmen. In der Umgebung von Prag wurde seine Arbeit durch den Umstand erleichtert, dass er innerhalb der Österreichisch-Ungarischen Monarchie ab 1840 als Vermögensverwalter und Generalbevollmächtigter für den Grafen Chamborg und seine ins Exil gegangenen Angehörigen (die Linie der Bourbonen) arbeitete.

Von 1840 bis 1846 durchwanderte Barrande die gesamte Abfolge des damals so genannten Tschechischen Übergangsgebirges mit einer Schichtenfolge, die vom Präkambrium („Urgebirge") bis ins Karbon („Flözgebirge") reichte. Er entdeckte zahlreiche Fossilfundpunkte und untersuchte sie detailliert in ihrem stratigraphischen Zusammenhang. Auf seine eigenen Kosten stellte er sich eine große Gruppe von Steinarbeitern zusammen, die er anleitete, Fossilien zu bergen. Trotz oft widriger Umstände aufgrund fehlender Wege, schlechter oder gar nicht vorhandener Karten und ohne jegliche Kenntnis der geologischen Zusammenhänge begann er seine Untersuchungen. Er bestimmte die Lokalitäten und mietete sich mitunter die Rechte von den Landbesitzern, um über viele Jahre hinweg umfangreiche Grabungen durchzuführen, bei denen er eine unerwartet große Menge von altertümlichen Lebewesen entdeckte. Barrande beschrieb in seinen Arbeiten eine komplett unbekannte Lebewelt. Er hatte aber von Anfang an eine klare Vorstellung über die Abfolge der paläozoischen Gesteine, sicher inspiriert von den Arbeiten Murchisons, der ähnlich alte Gesteine in Großbritannien beschrieben hatte. Ein erster geologischer Schnitt durch das zentralböhmische Paläozoikum aus dem Jahre 1844 zeigt, dass Barrande die stratigraphische Abfolge und den Strukturbau bereits zu dieser Zeit umfänglich verstanden und beschrieben hatte.

Barrande stand in regem Austausch mit paläontologischen Kollegen wie Louis Agassiz (s. S. 26), Sir Roderick Murchison oder Franz Xaver Zippe. 1846 sah er sich durch andere Veröffentlichungen veranlasst, seine eigenen Studien zu den von ihm gefundenen Trilobiten zu publizieren. Insgesamt 152 Arten beschrieb er in zwei Arbeiten, die als großer Fortschritt auf diesem Gebiet angesehen wurden. Kurze Zeit später (1848) folgte eine Arbeit über Brachiopoden mit der Beschreibung von 175 verschiedenen Arten. Von seinen Prager Kollegen wurden diese Veröffentlichungen mit Missfallen aufgenommen. Sie stellten seinen Publikationen hastig zusammengeschriebene eigene entgegen, die Barrande wiederum entsprechend kommentierte. Hier ging es vor allem um die Bestimmung, wer für die jeweiligen Arten als Erstbeschreiber in der Literatur genannt wird. 1847 lud ihn ein italienischer General nach Sardinien ein, wo dieser ihm eine Fundstätte für paläozoische Fossilien zeigte, deren Zusammensetzung denen in Böhmen ähnelte. 1850 reiste Barrande nach England, wo er u.a. Sir Roderick Murchison in London traf.

In den Jahren von 1852 bis zu seinem Tod im Jahre 1883 in Frohsdorf, Niederösterreich, veröffentliche Barrande insgesamt 22 Bände seines monumentalen Werkes *„Système silurien du centre de la Bohême"*. Auf 6887 Seiten und 1078 lithographischen Tafeln beschrieb er darin 3560 verschiedene Arten, jeweils mit eigener Darstellung vom frühen Paläozoikum bis zum Devon (Kambrium, Ordovizium, Silur, Devon).

1857 erhielt Barrande von der Geological Society of London die Wollaston-Medaille, 1869 wurde er zum Mitglied der Deutschen Akademie der Naturforscher Leopoldina gewählt, 1875 in die American Academy of Arts and Sciences und 1877 in die Russische Akademie der Wissenschaften aufgenommen. In Prag wurde das Stadtviertel Barrandov nach ihm benannt und in Böhmen wurde eine große geologische Einheit, die im Wesentlichen die paläozoischen Sedimentgesteine des Gebietes umfasst, nach ihm als Barrandium benannt.

Friedrich August (von) Quenstedt

* 9. Juli 1809 in Eisleben, † 21. Dezember 1889 in Tübingen

Friedrich August Quenstedt wurde 1809 als Sohn des Gendarmerieleutnants August Quenstedt und seiner Frau in Eisleben geboren. Sein Vater starb als er 6 Jahre alt war an Flecktyphus. Er wurde danach von einem Onkel aufgenommen, der ihm den Besuch des Gymnasiums in Eisleben ermöglichte. 1830 begann er mit seinem Studium der Geognosie und Mineralogie bei Christian Samuel Weiss (1780–1856) an der Universität in Berlin. Dort traf er auch mit Leopold von Buch (s. S. 32) zusammen. Schon 1833 übernahm er die Aufsicht über das Königliche Mineralienkabinett in Berlin als Kustos und hielt Vorlesungen über Fossilienkunde und Kristallographie. 1836 promovierte er zum Dr. phil. über die Fossilgruppe der Nautiloiden („*De notis nautilearum primariis*", „Über die wichtigsten Kennzeichen der Nautiloiden") und nur ein Jahr später habilitierte er sich bereits an der Universität Berlin, die er noch im gleichen Jahr verließ, um eine neugeschaffene Stelle als außerordentlicher Professor für Geognosie und Mineralogie an der Eberhard-Karls-Universität Tübingen anzunehmen. Mit dieser Stelle wurde die noch junge Wissenschaft der Geologie als eigenständiger Wissenschaftszweig im Königreich Württemberg etabliert.

1838 heiratete Quenstedt in Tübingen Caroline Stürmer, die jedoch schon bald nach der Hochzeit verstarb. Danach heiratete er nacheinander deren zwei Schwestern, die aber auch nach kurzer Zeit starben. Er hatte mit ihnen zahlreiche Kinder. 1869 heiratete er zum vierten Mal, Anna Sachse, die Schwester seines Schwiegersohns. Auch mit ihr hatte er noch einmal vier weitere Kinder.

1842 übernahm Quenstedt den Lehrstuhl für Geognosie und Mineralogie in Tübingen, den er bis zu seinem Lebensende über einen Zeitraum von 52 Jahren innehatte. Diese Periode wird am Tübinger Institut als die Quenstedt-Periode bezeichnet. 1864/65 und 1870/71 war er Dekan der Fakultät für Naturwissenschaften und 1866/67 Rektor der Universität Tübingen. Der Vaterländische Verein für Naturkunde in Stuttgart bescheinigte ihm zu seinem 50-jährigen Dienstjubiläum als Professor, dass er mit jeder Faser seines Lebens ein Schwabe geworden sei, doch behielt er zeitlebens sein starkes Sächsisch, das an seine norddeutsch-sächsische Herkunft erinnerte.

Obwohl Quenstedt sich anfänglich noch mit der Weiterentwicklung der kristallographischen Projektionsmethoden seines Lehrers Samuel Weiss befasste, so galt sein Hauptinteresse doch schon sehr bald den Fossilien, die er für die stratigraphische Einordnung der Gesteinsschichten nutzte. Die kleine vorhandene Fossiliensammlung des Tübinger Institutes baute er in kurzer Zeit zu einer der bedeutendsten paläontologischen Sammlungen Deutschlands mit mehreren zehntausend Objekten aus. Zum Aufbau der Sammlung trugen auch Ankäufe und Ammonitenfunde von Bauern aus der Umgebung von Tübingen bei. Quenstedt beteiligte sich auch an der geologischen Landesaufnahme, indem er im Zeitraum von 1865 bis 1881 insgesamt 10 geologische Kartenblätter ausarbeitete, die im geologischen Atlas von Württemberg veröffentlicht wurden.

Das besondere Interesse Quenstedts galt der Erforschung der Jura-Ablagerungen, die ihm in Tübingen als Studienobjekt mit der Schwäbischen Alb und dem Albvorland sozusagen vor der Haustüre zur Verfügung standen. 1839 entdeckte er bei einer seiner zahlreichen geologischen Untersuchungen das Vorkommen der Nusplinger Plattenkalke, die sich durch ihre besondere Feinschichtigkeit und die teilweise hervorragende Erhaltung von Fossilien auszeichnen. 1842 benannte er die Region der schwäbischen Alb und ihr Vorland in einem Buchtitel als „*Das schwäbische Stufenland*", ein Ausdruck, der sich bis heute gehalten hat. In seiner klassischen Monographie „*Der Jura*" (1858) gliederte er die Jura-Formation in drei große Unterabteilungen, die er als schwarzen, braunen und weißen Jura benannte. Diese Unterabteilungen untergliederte er wiederum in jeweils 6 weitere Stufen, die er von unten nach oben mit den griechischen Buchstaben von α bis ζ bezeichnete. Diese Feingliederung, die sog. „Quenstedtsche Gliederung", war bis in die 1970er Jahre hinein standardmäßig in Gebrauch und wird in der neuesten stratigraphischen Tabelle von Deutschland (Deutsche Stratigraphische Kommission 2016) als lokale Unterteilung für den süddeutschen Jura angegeben.

Die zeitliche Einstufung der Schichten erfolgte vor allem über die Bestimmung von Ammoniten, die als Fossilien sehr zahlreich in nahezu allen stratigraphischen Horizonten des Jura zu finden sind. Diesen Umstand machte sich Quenstedt zunutze, indem er daraus wie schon zuvor William Smith (s. S. 30) in England eine Abfolge von Leitfossilien ermittelte, mit deren Hilfe es möglich war, die Juraschichten einfach und sicher einzustufen. Er erkannte dabei, lange bevor sich die Thesen von Charles Darwin (s. S. 22) auch in der Paläontologie nachweisen ließen, dass es zwischen den zeitlich aufeinanderfolgenden Arten fließende Übergänge gibt und die einzelnen Arten nur undeutlich voneinander abgegrenzt sind. Damit stellte er sich gegen die Theorie des Katastrophismus, die eine sehr scharfe Abgrenzung der Arten fordert. Die Fossilien und deren Einstufung in die stratigraphischen Einheiten sind in einem seiner Hauptwerke, der „*Petrefactenkunde Deutschlands*", die er in sieben Bänden von 1846 bis 1884 veröffentlichte, mit einer bestechenden Genauigkeit abgebildet und beschrieben worden. Von 1883 bis 1888 arbeitete er an seinem dreibändigen Werk „*Die Ammoniten des schwäbischen Juras*", das er erst kurz vor seinem Tod beendete. Am 21. Dezember 1889 verstarb Quenstedt in Tübingen.

1856 wurde Quenstedt mit dem Ritterkreuz des Friedrichs-Ordens ausgezeichnet. 1862 erhielt er das Ritterkreuz des Ordens der Württembergischen Krone und erwarb damit den persönlichen Adelstitel. 1886 wurde ihm außerdem das Kommenturkreuz dieses Ordens verliehen. Auf dem Roßberg, einem der höchsten Berge der mittleren Schwäbischen Alb bei Reutlingen, erinnert ein Denkmal an den Erforscher der Schwäbischen Alb, das dort 1893 vom Schwäbischen Albverein errichtet wurde. In Mössingen im Landkreis Tübingen trägt ein Gymnasium seinen Namen. Darüber hinaus sind in mehreren Städten Straßen nach ihm benannt.

Bernhard von Cotta

* 24. Oktober 1808 im Forsthaus Kleinen Zillbach bei Eisenach, † 14. September 1879 in Freiberg, Sachsen

Carl **Bernhard** von Cotta (Adelstitel seit 1858) wurde am 24. Oktober 1808 als Sohn des Forstwissenschaftlers Heinrich Cotta und seiner Frau Christiane (geb. Ortmann) im südlich von Eisenach gelegenen, heute abgetragenen Forsthaus Kleinen Zillbach (Gemeinde Schwallungen, Kreis Schmalkalden-Meinigen) geboren. Kurze Zeit später zog er 1810 mit seinen Eltern nach Tharandt in der Nähe von Freiberg, wo sein Vater 1811 die Forstakademie Tharandt gründete. 1816 wurde sie zur königlich-sächsischen Forstakademie erhoben, heute ist sie als „Fachrichtung Forstwissenschaften" der Technischen Universität Dresden angegliedert.

Von 1827 bis 1831 studierte Cotta an der Bergakademie Freiberg Mineralogie und Geologie und schloss sich 1829 dem Corps Montania an. 1831 wechselte er an die Ruprecht-Karls-Universität Heidelberg, wo er 1832 mit einer Arbeit über fossile Hölzer aus dem Rotliegenden promovierte. Er war einer der ersten, der die Strukturen fossiler Hölzer mithilfe eines Mikroskops untersuchte. Aus dieser Arbeit entstand seine erste Abhandlung über *„Dendrolithen"*, in der er die fossilen Hölzer aus dem Rotliegenden Sachsens beschreibt und klassifiziert.

1832 wurde Cotta Lehrer an der Forstakademie in Tharandt, wo er bis 1842 blieb. 1841 heiratete er Ida von Orges, mit der er drei Kinder hatte. 1858 beantragten die drei Brüder Bernhard, Wilhelm und August Cotta die erneute Verleihung des ursprünglichen Adelstitels der Familie, der ihnen 1860 wieder zugesprochen wurde. Diese Erneuerung hatte der Vater stets abgelehnt.

1842 erhielt Cotta nach dem Weggang Naumanns nach Leipzig den Ruf auf den Lehrstuhl für Geologie und Erzlagerstättenkunde in Freiberg, den er bis zu seinem Ruhestand im Jahr 1874 behielt. 1862 wurde er in Freiberg zum Bergrat ernannt. Cotta wirkte in vielen Bereichen der Geologie, die er in einer ganzen Reihe von Werken auch populärwissenschaftlich aufbereitete, so dass die geowissenschaftlichen Themen auch einer breiteren Öffentlichkeit zugänglich wurden. So publizierte er 1836 bis 1838, basierend auf seinen eigenen Geländebeobachtungen, die *„Geognostischen Wanderungen"*, in denen er die Umgebung von Tharandt insbesondere unter dem Gesichtspunkt der Geologie betrachtete. Mit seiner 1839 erschienenen *„Anleitung zum Studium der Geognosie und Geologie"* verhalf er dem geowissenschaftlichen Studium zu einer größeren Popularität. In der Nähe der Hohburger Berge östlich von Leipzig fand er, nachdem er sich mit der Vereisungstheorie von Louis Agassiz (s. S. 26) beschäftigt hatte, ebenfalls Gletscherspuren, die ihn stark beeindruckten. 1846 gründete Cotta den Tambacher Steinkohlen-Actien-Verein und wurde dessen Vorsitzender. Im Jahr 1848 war er neben Alexander von Humboldt (s. S. 34), Leopold von Buch (s. S. 32) und zahlreichen anderen Größen der damaligen Geowissenschaftler im deutschsprachigen Raum eines der Gründungsmitglieder der Deutschen Geologischen Gesellschaft.

Nach dem Abschluss seiner Promotion begann Cotta mit umfangreichen Geländeaufnahmen und Sichtungen vorhandenen Materials zur Geognostischen Karte von Sachsen. Anfänglich standen die Arbeiten unter der Leitung von Carl Amandus Kühn (1783–1848), ab 1835 übernahm Cotta die Leitung jedoch selbst gemeinsam mit dem Freiberger Professor für Geologie und Erzlagerstättenlehre Carl Friedrich Naumann (1797–1873). Die Herstellung der Geognostischen Karte von Sachsen dauerte von 1832 bis 1846. Im Endergebnis war die Karte im Maßstab 1 : 120.000, die aus 12 Sektionen bestand, ein für die damalige Zeit herausragendes und vorbildliches Werk, das als Muster für viele folgende Kartenwerke herangezogen wurde. Von 1843 bis 1848 setzte Cotta seine Kartierungen im östlichen Thüringen fort und veröffentlichte dort ein weiteres aus 4 Sektionen bestehendes Kartenwerk.

1850 beschäftigte sich Cotta mit dem geologischen Bau der Alpen. Im Gegensatz zu Élie de Beaumont (s. S. 46) und Leopold von Buch (s. S. 32) erklärt er ihre Entstehung durch eine Reihe von Hebungen, die nach langen Pausen aufeinander folgen. Weitere didaktisch gut aufbereitete Werke wie *„Deutschlands Boden"* (Leipzig, 1854, 1858), seine *„Gesteinslehre"* (Freiberg, 1855), *„Die Lehre von den Flözformationen"* (1856) erlangten eine weite Verbreitung. Cotta hatte die Fähigkeit, seine wissenschaftlichen Erkenntnisse anschaulich und für ein breites Publikum geeignet dazustellen. Besonders deutlich wurde dies in seinen Werken *"Briefe über Humboldt's Kosmos"* (Leipzig 1848–56), *„Geologische Bilder"* (1852) und seine *„Geologie der Gegenwart"* (1866), worin er sich mit großer Entschiedenheit für die von Charles Lyell (s. S. 24) und Charles Darwin (s. S. 22) entwickelten Theorien ausspricht und die in zahlreichen Auflagen verbreitet wurden.

Das eigentliche Forschungsgebiet Cottas waren die Erzgänge und Erzlagerstätten. Er betrachtete, anders als Abraham Gottlob Werner (s. S. 14) und Karl Gustav Bischof (1792–1870), die Entstehung der Erzgänge unter einem plutonistischen Aspekt, indem er sie als von unten kommend durch Injektion erklärte. Seine Ansichten, mit denen er die Erzlagerstättenkunde auf eine neue Basis stellte, legte er in den *„Gangstudien"* (Freiberg 1850–1862) und in einem seiner Hauptwerke, der *„Lehre von den Erzlagerstätten"* (Freiberg 1854, 1859–1861) dar.

Cotta erwarb sich ein umfangreiches Wissen, weshalb er zu einem gefragten Sachverständigen in bergmännischen Fragen wurde. Als solcher war er nicht nur in der Bergbauregion Freiberg, sondern auch in den östlichen Alpen, in der Bukowina, in Serbien, im Banat und Siebenbürgen sowie in Ungarn tätig. 1871 publizierte er ein Buch über das Altai-Gebirge im Grenzgebiet von Kasachstan, Russland, Mongolei und China (*„Der Altai, ein geologischer Bau und seine Erzlagerstätten"*, Leipzig 1871), wohin ihn eine im Auftrag des russischen Zaren durchgeführte Reise brachte.

1874 trat Cotta in den Ruhestand. Am 14. 9. 1879 verstarb er in Freiberg in Sachsen. Nach ihm wurde eine Gebirgskette auf dem Erdmond, der *„Dorsum Von Cotta"* benannt.

Léonce Élie de Beaumont

* 25. September 1798 in Canon bei Caen, Frankreich, † 21. September 1874 in Canon bei Caen, Frankreich

Jean-Baptiste Armand Louis Léonce Élie de Beaumont, genannt Élie de Beaumont, wobei Élie eigentlich ein Teil seines Nachnamens ist, wurde 1798 als Sohn des Armand Jean Baptiste Anne Robert Élie de Beaumont und seiner Frau Marie Charlotte Eleonore Mercier du Paty de Clam geboren. Seine schulische Ausbildung erhielt er am berühmten Lycée Henri VI in Paris, wo er schon frühzeitig seine Begabungen in Mathematik und Physik zeigte. An der École polytechnique absolvierte er die Abschlussprüfung als Bester und schrieb sich danach an der École des Mines in Paris (Bergbauschule) ein. Von 1819 bis 1822 studierte er dort Mineralogie und Geologie. 1823 konnte er zusammen mit seinem Studienkollegen Armand Dufrénoy (1792–1857) an einer wissenschaftlichen Reise nach England und Schottland teilnehmen, um dort die Methoden zur Herstellung einer geologische Karte zu erlernen. Sein Professor Brochand de Villiers (1772–1840) wollte auch für Frankreich eine geologische Karte erstellen. An diesem Projekt arbeiteten Villiers, Dufrénoy und Élie de Beaumont bis 1835. Die geologische Karte wurde 1841 veröffentlicht.

1829 wurde Élie de Beaumont als Nachfolger von Villiers zum Professor für Geologie an der École de Mines in Paris ernannt. 1832 übernahm er zusätzlich den Lehrstuhl für Geologie von Georges Cuvier (s. S. 20) am Collège de France. Cuvier gilt als Begründer der wissenschaftlichen Paläontologie. Seine Vorlesungen, die er 1843 und 1844 hielt, veröffentlichte Élie de Beaumont in den Jahren danach in zwei Bänden („*Leçons de Géologie pratique*"). 1833 wurde er zum Ober-Bergbauingenieur Frankreichs ernannt und folgte 1847 Villiers auf den Posten des General-Inspekteurs.

Élie de Beaumont erhielt zahlreiche Ehrungen. 1849 wurde er zum Mitglied der American Academy of Arts and Sciences gewählt. 1852 erhielt er den Titel eines französischen Senators und nach dem Tod von François Arago (1786–1853), einem französischen Physiker, wurde er der Sekretär der Académie des Sciences (Französische Akademie der Wissenschaften). 1861 folgte die Ernennung zum Vizepräsidenten des Conseil Général des Mines und zum Großoffizier der Ehrenlegion. 1868 wurde von Napoléon III das französische geologische Landesamt gegründet, dessen erster Direktor Élie de Beaumont wurde. Außerdem wurde er zum Mitglied in der Preußischen Akademie der Wissenschaften in Berlin (heute: Berlin-Brandenburgische Akademie der Wissenschaften) und in der Royal Society of London gewählt. Im Jahr 1860 kam die Mitgliedschaft in der Deutschen Akademie der Naturforscher Leopoldina hinzu und 1857 wurde er zum korrespondierenden Mitglied der Russischen Akademie der Wissenschaften in Sankt Petersburg ernannt. Nach seinem Tod im Jahr 1874 wurden in den Neuseeländischen Alpen der Mount Elie de Beaumont (3117 m) und auf dem Mond ein Krater nach ihm benannt.

Élie de Beaumont war ein Anhänger der katastrophistischen Theorie, bei der sich die Erde infolge von katastrophalen Einzelereignissen sprunghaft weiterentwickelt. Plötzlich aus dem Untergrund emporsteigende Gebirgsmassen sollten verheerende Flutwellen ausgelöst haben, die große Massenaussterbeereignisse bewirkten und so Fauna und Flora beeinflussten. Basierend auf Beschreibungen Alexander von Humboldts (s. S. 34), der sich mit der räumlichen Anordnung von Gebirgen in Südamerika beschäftigt hatte erarbeitete er ein Konzept, dass er in seiner Arbeit „*Recherches sur quelques-unes des révolutions de la surface du globe*" in den Annales des Sciences Naturelles 1829 veröffentlichte. 1852 erfolgte eine umfangreiche Überarbeitung, die er in seinem dreibändigen Werk „*Notice sur les systèmes des montagnes*" niederlegte. Nach Élie de Beaumonts Meinung waren Diskordanzen Indikatoren für katastrophale Umwälzungen, die man auf besonders starke Gebirgsbildungsphasen zurückführen kann. Er erkannte, dass es an Diskordanzen häufig zu starken Wechseln des Fossilinhaltes kam, was er als Beweis für seine katastrophistischen Ideen ansah. Im Laufe seiner Arbeiten fand er immer mehr Diskordanzen, so dass die Anzahl seiner anfänglichen vier „Systeme" (heute als Orogenese bezeichnet) schon bald beträchtlich erhöht werden musste. Trotzdem blieb er bei seiner katastrophistischen Ansicht, was ihm mit Bezug auf die tektonische Entwicklung der Erde als plausibler erschien. Mitte des 19. Jahrhunderts wurde der katastrophistische Ansatz mehr und mehr durch den Aktualismus, der von einer langsamen, sich stetig verändernden Erde ausgeht, verdrängt. Mit dem Aktualismus ließen sich die großen Gebirgsbildungen jedoch nur unzureichend erklären, weshalb Élie de Beaumont die Theorie des schrumpfenden Erdkörpers entwickelte, die bis in 20. Jahrhundert hinein als tektonische Grundidee der Gebirgsbildung galt. Er versuchte auch, mathematische Gesetzmäßigkeiten im Verlauf der großen Gebirgsketten zu erkennen. Da er schon zu seiner Zeit ein sehr prominenter Vertreter der Geowissenschaften war, wurden diese angeblichen Gesetzmäßigkeiten diskutiert und es wurde versucht, sie anhand von Feldstudien nachzuweisen. Èlie de Beaumont nahm an, dass die großen Gebirge eine Art Kristallgitter bilden und in Form eines Netzes von Fünfecken (Pentagondodekaeder) die gesamte Erdoberfläche überziehen. Wegen seiner damaligen prominenten Stellung in der Wissenschaft konnte er diese Theorie eine Weile behaupten, sie wurde aber schon von seinen Zeitgenossen kritisiert und nicht überall akzeptiert. Es stellte sich dann auch bald heraus, dass es solche Gesetzmäßigkeiten nicht gibt. Die Studien, die zum Beweis der Theorie durchgeführt wurden, waren aber dennoch von hohem Wert, da sich dadurch viele neue Erkenntnisse über die Strukturen von Gebirgen ergaben.

Die Arbeiten von Élie de Beaumont über die Entstehung von Gebirgen markieren den Beginn der modernen Forschung über Gebirgsbildungen. Auch wenn er mit seinen Ansichten mit den heutigen Theorien nicht mehr übereinstimmt, so haben seine Ideen doch maßgeblich zum Fortschritt und zur Erhebung neuer Daten geführt, die schließlich in der modernen Plattentektonik mündeten. Als wichtigster Beitrag von Élie de Beaumont gilt seine geologische Karte von Frankreich, die erstmalig 1841 veröffentlicht wurde. Erläuterungstexte dazu erschienen 1841 und 1878. Daneben veröffentlichte er noch weitere wichtige Denkschriften über die Geologie Frankreichs. Bis zu seinem Tod begleitete er die Ausgaben der Karte, die in mehreren Auflagen erschien.

James Dwight Dana

* 12. Februar 1813 in Utica, New York, USA, † 14. April 1895 in New Haven, Connecticut, USA

James Dwight Dana wurde 1813 als Sohn des Kaufmanns James Dana und seiner Frau Harriet Dwight in Utica im Bundesstaat New York/USA geboren. Das Interesse an der Wissenschaft wurde bei ihm schon früh durch einen Lehrer an der Charles Bartlett's Academy geweckt, die er von 1825 bis 1830 besuchte. 1830 ging er an das Yale College (die heutige Yale Universität) und schloss dort bereits 1833 mit einer Promotion bei dem Chemiker Benjamin Silliman (1779–1864) ab. Nach der Promotion fuhr er zwei Jahre lang zur See und unterrichtete die Seekadetten in Mathematik. Die Seereisen führten ihn ins Mittelmeer und er hatte bei einem Aufenthalt in Neapel das Glück, die Eruption des Vesuv am 23. August 1834 beobachten zu können. Sein Bericht darüber wurde seine erste Publikation, die Silliman im American Journal of Sciences and Arts veröffentlichen ließ. 1836 wurde er Assistent von Silliman in Yale und bekam so die Gelegenheit, sein erstes großes, fast 600 Seiten umfassendes Werk, „*A System of Mineralogy*" (1837) herauszubringen. Diese Systematik der Minerale nach Dana, die in der vierten Auflage von 1854 noch einmal von ihm selbst überarbeitet wurde, war bis zum Ende des 20. Jahrhunderts das Standardwerk für die Systematik der Mineralogie (8. Auflage 1997, bearbeitet von Richard V. Gaines, 1917–1999) und schlägt sich auch heute noch in systematischen Darstellungen der Mineralogie nieder.

Von 1838 bis 1842 nahm Dana an einer Forschungsexpedition in den Pazifischen Ozean unter der Leitung von Kapitän Charles Wilkes (1798–1877) teil. Diese Expedition, die zu einer der wichtigsten Expeditionen in der Geschichte der amerikanischen Naturwissenschaften werden sollte, beschäftigte Dana nach seiner Rückkehr für weitere 13 Jahre. 1844 siedelte er sich erneut in New Haven, Connecticut/USA, an, wo er Henrietta Silliman, die Tochter seines Mentors in Yale, heiratete. 1850 wurde er nach dem Rücktritt von Silliman als dessen Nachfolger bestimmt und zum Professor für Naturgeschichte und Geologie in Yale ernannt. Diese Stelle behielt er bis 1892. Dana widmete sein Leben komplett der Wissenschaft, litt aber an Überarbeitung und einem wechselhaften Gesundheitszustand, was 1859 zu einem körperlichen Zusammenbruch führte. Er erholte sich aber davon und blieb bis zu seinem Tod 1895 ein äußerst produktiver Wissenschaftler, der sich auch mit globalen Fragen der Erdentstehung auseinandersetzte. In insgesamt 214 Büchern und Artikeln in wissenschaftlichen Zeitschriften hat er sein Lebenswerk niedergeschrieben.

1841 erkundete Dana im Zuge der Wilkes-Expedition die Geologie des Mount Shasta, die er 1849, sozusagen als Antwort auf den gerade sich entwickelnden kalifornischen Goldrausch, publizierte, da er als einer der wenigen Experten überhaupt etwas zur Geologie dieses Gebietes beitragen konnte. Großes Interesse erweckte bei ihm der Hawaiianische Vulkanismus, den er bei mehreren Expeditionen erkundete. Die Ergebnisse publizierte er 1890 in seiner Arbeit „*Characteristics of Volcanoes*". Die Beschäftigung mit Korallenriffen im Zusammenhang mit Vulkanbauten, ließ Dana das Prinzip der Entstehung von Atollen erkennen. Er stellte fest, dass es um junge Vulkane herum Saumriffe gab, die sich mit zunehmendem Alter der Vulkane immer weiter von den Vulkanen entfernten, deren Gipfel allmählich im Meer versanken. Dana entwickelte diese Ideen parallel zu Charles Darwin (s. S. 22), der das Konzept als erster veröffentlichte. Dana dachte weiter und prognostizierte das Vorhandensein von versunkenen Atollen, die erst sehr viel später in den 40er Jahren des 20. Jahrhunderts entdeckt wurden und heute als Guyot bekannt sind. Das von Darwin entwickelte Konzept der Evolution der Lebewesen machte sich Dana, der ein streng gläubiger Christ war, erst spät zu eigen, akzeptierte es aber letztlich in der letzten Ausgabe seines „*Manual of Geology*", das er erstmalig 1862 veröffentlichte.

Er setzte sich mit der Kontraktionshypothese der Erde als Entstehungsmodell für die großen Gebirgszüge auseinander. Er hielt die Ozeanbecken für sehr alte Strukturen, an deren Rändern sich tiefe Spalten bildeten, die für den Aufstieg von Magmen an die Oberfläche verantwortlich seien. Mit diesem Modell versuchte er die großen Gebirge, insbesondere die Anden, die sich entlang der Küsten erheben, zu erklären. Allerdings wurden zur gleichen Zeit immer mehr Beiträge veröffentlicht, in denen von Schichten die Rede war, die in Wellen gelegt und nicht selten überkippt waren und Falten aufwiesen. Seitliche Einengung war aber nur schwer zu erklären, die Modellvorstellungen waren dafür nicht ausgelegt. Weiterhin gab es Beobachtungen, dass in manchen Gebirgsketten Sedimentpakete mit Mächtigkeiten von deutlich mehr als 10 km vorkamen. Dana vermutete, dass solche mächtigen Sedimente nur in schmalen Rinnen entstehen können, die dann später verfaltet wurden. Dafür prägte er den Begriff der Geosynklinale. Auch wenn er nicht der Urheber des Konzeptes der Geosynklinale war, so prägte er doch durch diesen Begriff eine Theorie, die eine lange Zeit die tektonischen Vorstellungen in der Geologie beherrschen sollte. Mit diesen Ansichten widersprach Dana dem zu seiner Zeit diskutierten Katastrophenmodell, das die Gebirgsbildung allein durch vertikale Bewegungen erklärte. Doch auch Dana erkannte schon, dass es viele Befunde gab, die sich mit den gängigen Theorien nicht erklären lassen konnten. Er brachte dafür erneut die Kontraktionstheorie (das Modell des „vertrockneten Apfels") ins Spiel.

1888 gründete Dana zusammen mit seinen Kollegen James Hall (1811–1898) und Alexander Winchell (1824–1891) die Geological Society of America, deren Vorsitz er 1890 übernahm. Bereits 1845 wurde er in die American Academy of Arts gewählt, eine Reihe weiterer internationaler Wissenschaftsakademien folgten, so wurde er 1855 als korrespondierendes Mitglied in die Preußische Akademie der Wissenschaften aufgenommen, 1857 in die Deutsche Akademie der Naturforscher Leopoldina gewählt, 1858 wurde er Mitglied der Russischen Akademie der Wissenschaften in Sankt Petersburg und 1871 der Schwedischen Akademie der Wissenschaften. 1874 erhielt er von der Geological Society of London die Wollaston-Medaille, 1877 von der Royal Society die Copley-Medaille und 1882 von der Royal Society of South Wales die Clarke-Medaille. In Anerkennung seiner Leistungen auf dem Gebiet der Mineralogie wurde das Mineral Danalith nach ihm benannt. Ein Krater auf dem Mars und ein Bergrücken auf dem Mond (Dorsa Dana) tragen ebenfalls seinen Namen.

Eduard Suess

* 20. August 1831 in London, UK, † 26. April 1914 in Wien, Österreich

Carl **Eduard** Adolph Suess wurde am 20. August 1831 in London als Sohn des sächsischen protestantischen Kaufmanns Adolph Sueß und seiner Ehefrau Eleonore (geb. Zdekauer) geboren. Im Alter von drei Jahren zog er mit seiner Familie nach Prag, wo er bis zu seinem 14. Lebensjahr blieb und das deutsche Gymnasium besuchte. 1846 zog die Familie nach Wien, wo er ab 1847 technische Wissenschaften am Polytechnikum studierte. Das Revolutionsjahr 1848 prägte Suess, für den Politik und Wissenschaft nie im Widerspruch standen. In diesem Jahr geriet er aufgrund seiner politischen Tätigkeit sogar vor das Kriegsgericht, doch verhalf ihm der Direktor der Geologischen Reichsanstalt wieder zur Freiheit. Nach dem Abbruch seines Studiums wurde Suess als Assistent im „k. u. k. Mineralogischen Hof-Cabinet" (dem damaligen Naturhistorischen Museum) angestellt. Bereits im Alter von 19 Jahren publizierte er sein erstes wissenschaftliches Thesenpapier zur Geologie von Karlsbad. 1855 heiratete er Hermine Strauß, mit der er 8 Kinder hatte.

1857 wurde er, gerade 26 Jahre alt und ohne über Doktorat oder Habilitation zu verfügen, an der Universität Wien zum außerordentlichen Professor für Paläontologie ernannt, 1862 kam die Professur für Geologie hinzu. 1867 wurde er zum ordentlichen Professor ernannt. Mit seinem Buch *„Der Boden der Stadt Wien"*, das er 1862 veröffentlichte, verschaffte er sich Eingang in den Gemeinderat der Stadt. Hier konnte er in den folgenden Jahren mehrere bedeutende Projekte anstoßen und mitbestimmen. Um das stark verschmutzte Wasser der Wiener Hausbrunnen, das vielfach zu Typhus- und Cholera-Epidemien führte, zu ersetzen, regte er den Bau einer Hochquellwasserleitung aus dem Alpenvorland an, die den Wienern noch heute frisches und sauberes Trinkwasser liefert. Später kümmerte er sich maßgeblich um die Donauregulierung, um die immer wiederkehrende Überschwemmungsgefahr der Stadt einzudämmen. Aufgrund dieser Leistungen wurde er 1873 zum Ehrenbürger der Stadt Wien ernannt. Von 1873 bis 1897 saß er als Abgeordneter der Liberalen im Reichsrat. Nach seinem Ausscheiden aus der Politik war er in den Jahren von 1898 bis 1911 Präsident der Akademie der Wissenschaften in Wien. Am 26. April 1914 starb Eduard Suess in Wien an einer Lungenentzündung. Er wurde in Márcfalva (bis 1921 Ungarn, heute Marz bei Mattersburg im Burgenland) beigesetzt.

Eduard Suess war ein global denkender, stets das Ganze im Auge behaltender Geowissenschaftler, der von einigen Autoren wie z.B. A. M. Celâl Şengör (*1955) auch als „der größte Erdwissenschaftler der je gelebt hat" tituliert wird. Er erweiterte die von James Dwight Dana (s. S. 48) entworfene Geosynklinaltheorie mit Blick auf die Entwicklung der Alpen. Seine Vorstellungen publizierte er 1875 in seinem Buch *„Die Entstehung der Alpen"*, das eines seiner beiden Hauptwerke ist. Als treibende Kraft für großräumige Lateralbewegungen, die zu Faltungen und Überschiebungen führten, nahm er die Schrumpfung der Erdkruste durch die Abkühlung des Erdkörpers an, eine Ansicht, die heute als überholt gilt. Den Vulkanismus erklärte er als eine Folge von Gebirgsbildungsprozessen und nicht als deren Ursache aufgrund vertikaler Bewegungen, wie es von James Hutton (s. S. 12) oder Leopold von Buch (s. S. 32) vorgeschlagen wurde. Suess versuchte, die Gestalt der Erde mit ihren Ozeanen und Kontinenten und den darin enthaltenen Gebirgsketten in ihrer Gesamtheit zu betrachten. Dabei kam er zu dem Schluss, dass es durch das Einsinken eines Ozeanbeckens zu einem weltweiten Absinken des Meeresspiegels (Regression) kam, was zu einer verstärkten Erosion der kontinentalen Festländer führte. Dadurch erhöhte sich der Eintrag von Sedimenten in die Ozeane bis diese gefüllt waren und der Meeresspiegel dadurch wieder anstieg (Transgression). Durch dieses noch heute gebräuchliche Konzept der eustatischen Meeresspiegelschwankungen konnte er eine plausible Erklärung dafür liefern, dass die geologischen Einheiten oftmals weltweit sehr ähnlich ausgebildet sind und sich miteinander korrelieren lassen. Nach seiner Ansicht waren die Ozeane junge und vor allem veränderliche Strukturen woraus er folgerte, dass Afrika und Europa einst eng miteinander verbunden waren. In den nördlichen Alpen sah er den Grund eines ehemaligen Ozeans, von dem das heutige Mittelmeer nur noch einen kleinen Überrest darstellt. Den heute nicht mehr existierenden großen Ozean nannte er „Tethys". Diese Bezeichnung wird auch heute noch verwendet, obwohl große Teile seiner Theorie nicht mehr akzeptiert werden. Das Konzept der Plattentektonik war zu seiner Zeit noch nicht entwickelt, doch lagen seine Thesen so nahe an den heute bekannten Tatsachen, dass Suess als der Entdecker des Tethys-Ozeans gilt. 1883–1888 veröffentlichte er sein wichtigstes, mehrbändiges Werk, *„Das Antlitz der Erde"*, in dem er seine Ideen zusammenfasste. Seine Entdeckung, dass Fossilien der Farngattung *Glossopteris* sowohl in Südamerika und Afrika als auch in Indien zu finden sind, führte ihn zu der Erkenntnis, dass die drei Kontinente ehemals zusammenhingen und einen gemeinsamen Großkontinent bildeten, den er Gondwana nannte. In der geowissenschaftlichen Literatur finden sich eine ganze Reihe von Begriffen, die heute allgemein gebräuchlich sind und auf Suess zurückgehen: Lithosphäre und Hydrosphäre, später auch Biosphäre; die Begriffe Tethys und Gondwana, die von Alexander du Toit (s. S. 78) auf die Wegener'sche Theorie der Kontinentaldrift übertragen wurden; Laurentia als Begriff für einen der früheren nördlichen Kontinente. Auch die Bezeichnungen NiFe (Nickel, Eisen) für den Erdkern sowie SiMa (Silizium, Magnesium) und SiAl (Silizium, Aluminium) für die (innere) ozeanische bzw. (äußere) kontinentale Kruste, abgeleitet aus deren Hauptbestandteilen, wurden von Suess geprägt.

Eduard Suess wurde vielfach ausgezeichnet. 1896 erhielt er die Wollaston-Medaille der Geological Society of London, 1880 wurde zum korrespondierenden Mitglied der Bayerischen Akademie der Wissenschaften ernannt, 1898 zum Mitglied der National Academy of Sciences in Washington, 1900 zum auswärtigen Mitglied der Preußischen Akademie der Wissenschaften in Berlin. 1910 wurde er Ehrenvorsitzender der Geologischen Vereinigung (heute DGGV). Die Eduard-Suess-Gedenkmünze der Österreichischen Geologischen Gesellschaft ist nach ihm benannt, so wie auch eine ganze Reihe von Straßen in Österreich sowie ein Gletscher in der Antarktis.

Gustav Steinmann

* 9. April 1856 in Braunschweig, † 7. Oktober 1929 in Bonn

Gustav Steinmann wurde 1856 in Braunschweig als Sohn des Intendanturrats Christian Steinmann und seiner Frau Elisabeth, geb. Dettmer, geboren. Sein Vater, der bei der Militärverwaltung und später als Verwalter am Hoftheater in Braunschweig beschäftigt war, stammte aus einer Familie von Landwirten im Braunschweiger Land. Getauft wurde Gustav Steinmann auf die Namen Johann Heinrich Conrad Gottfried Gustav. Er verwendete aber Zeit seines Lebens nur den letzten davon, Gustav. 1886 heiratete er die Politikerin und Frauenrechtlerin Adelheid Steinmann, mit der zusammen er einen Sohn hatte

Schon als Schüler kam Steinmann mit den Naturwissenschaften in Berührung und begann als 18-jähriger ein Studium der Geologie und Paläontologie, zunächst in Braunschweig und später in München, wo er 1877 bei Karl von Zittel (1839–1904) promoviert wurde. Von München wechselte er nach Straßburg, das zu der Zeit zum damaligen Deutschen Reich gehörte. Dort arbeitete er als Assistent und habilitierte sich 1880 mit einer Arbeit über die jurassische und kretazische Stratigraphie von Bolivien. Selbst nach Südamerika kam er aber erst zwei Jahre später, als er im Rahmen einer astronomischen Expedition die Gelegenheit bekam, die Geologie des südlichen Patagonien und später Chile und Bolivien zu erkunden und sich dort u.a. mit kreidezeitlichen Ammoniten beschäftigte. Diese Arbeiten begründeten einen der wissenschaftlichen Schwerpunkte Gustav Steinmanns, die Geologie und Paläontologie Südamerikas. Von Straßburg aus kartierte Steinmann in Lothringen. 1885 ging er als außerordentlicher Professor für Mineralogie und Geologie an die Universität Jena und folgte schon ein Jahr später einem Ruf nach Freiburg im Breisgau, wo er 1899/1900 Rektor der Universität war. 1904 nahm er an einer weiteren Reise nach Südamerika teil, die ihn neben Argentinien vor allem in die Länder Bolivien und Peru führte. Weitere Reisen unternahm er in Europa nach Frankreich, England und Italien sowie in die USA, in den Ural und die Alpen und Pyrenäen. Neben seiner Leidenschaft für die Geologie und Paläontologie war er auch ein begeisterter Bergsteiger. Während seiner Freiburger Zeit erfolgte unter seiner Leitung der Neubau des Institutsgebäudes, das 1901 eingeweiht wurde. 1906 folgte sein Wechsel an die Universität Bonn, wo er als Direktor des Geologischen Institutes weiterhin sehr erfolgreich wirkte. Gleichzeitig wurde er in Bonn zum „Geheimen Bergrat“ ernannt. Vom preußischen Kulturministerium hatte er Mittel zugesagt bekommen, mit denen er auch in Bonn einen Neubau des Geologischen Institutes nach dem Vorbild des Freiburger Institutes konzipierte, das 1911 eröffnet wurde. Die Säulen im Treppenhaus des Institutes sollen die wichtigsten geologischen Altersstufen repräsentieren: Unten Granit (Urgebirge), darüber polierter Kalkstein aus dem Paläozoikum, schließlich im obersten Stock Buntsandstein aus dem Mesozoikum.

1908 konnte Steinmann erneut nach Peru reisen. In den folgenden Jahren hatte er jedoch mit starken Einschränkungen infolge des sich abzeichnenden Konfliktes mit den anderen europäischen Mächten zu kämpfen. Er nahm an internationalen Kongressen in Stockholm (1910) und in Kanada (1913) und nach dem 1. Weltkrieg letztmalig in Madrid (1926) teil. 1924 wurde Gustav Steinmann emeritiert und unternahm in den letzten ihm noch verbleibenden Jahren eine Ostasienreise. 1929 starb er in Bonn an den Folgen eines Krebsleidens.

Ein wichtiger Schwerpunkt der Forschungsarbeit Steinmanns ist die Geologie Südamerikas und hier insbesondere der Anden. Schon 1882 begab er sich auf seine erste Reise nach Südpatagonien, 1893/1894 ging es nach Chile und Bolivien. Obwohl seine Kisten mit sämtlichem Material verlorengingen, konnte er doch eine geologische Übersichtskarte von Südamerika publizieren. Von 1903 bis 1904 reiste er nach Nordargentinien, Bolivien und Peru und noch einmal 1908 ebenfalls nach Bolivien und Peru. Zusammen mit seinen Schülern und peruanischen Kollegen brachte er 1929 die „*Geologie Perus*“ heraus, die auch heute noch als ein Meilenstein der Erforschung der geologischen Zusammenhänge in Peru angesehen wird. Schwierigkeiten bereitete Steinmann vor allem die Einordnung des tektonischen Baus der Anden in das Stille´sche Konzept der Mio- und Eugeosynklinalen. Hier sollte es aber noch bis in die 70er Jahre hinein dauern, bis die Anden als ein Subduktionsorogen im Sinne der modernen Plattentektonik eingeordnet wurden.

In den Alpen erkannte Steinmann den Zusammenhang zwischen radiolaritischen Sedimenten und roten Schiefern, die er mit rezenten Radiolarienschlämmen und rotem Tiefseeton verglich, pelagischen Kalken und magmatischen Gesteinen wie serpentinisierten Peridotiten, Gabbros und Basalten (Steinmann 1927). Nach heutiger Kenntnis gehören alle diese Gesteine zur ozeanischen Lithosphäre. Im Zusammenhang gingen diese Gesteine als die „Steinmann-Trinität“ in die geowissenschaftliche Literatur ein: über serpentinisierten Peridotiten und Gabbros mit Basaltgängen folgen Kissenbasalte, Manganvererzungen und pelagische Sedimente wie Radiolarite oder rote Tonschiefer. Die Steinmann-Trinität ist ein wichtiger Schritt auf dem Weg zur Entwicklung der heutigen Theorie der Plattentektonik. Eine Bestätigung erlangte sie in vielen Punkten durch Tiefseebohrungen und Beobachtungen am Meeresboden. Auch Harry Hammond Hess (s. S. 84) wurde von diesem Konzept angeregt und verglich sie mit ähnlichen Abfolgen in der Karibik.

Weitere Forschungsschwerpunkte Steinmanns waren der Schweizer Faltenjura, der Oberrheingraben sowie der Schwarzwald. Im Schwarzwald hat er sich insbesondere mit der pleistozänen Entwicklung im Lichte verschiedener Kaltzeiten beschäftigt. Umstritten sind seine Ausführungen zur Paläontologie und zur Abstammungslehre, wo er eine heute überkommende Theorie der vielstämmigen Herkunft größerer Organismengruppen vertrat.

1910 gründete Gustav Steinmann die Geologische Vereinigung (GV), die sich 2015 mit der Deutschen Geowissenschaftlichen Gesellschaft zur Deutschen Geologischen Gesellschaft – Geologische Vereinigung (DGGV) zusammenschloss.

Hans Stille

* 8. Oktober 1876 in Hannover, † 26. Dezember 1966 in Hannover

Hans Wilhelm Stille wurde am 8. Oktober 1876 als Sohn des Spielkartenfabrikanten Eduard Stille und seiner Frau Meta, geb. Hanckes, in Hannover geboren. Er wuchs in Hannover auf und legte dort am Leibniz-Gymnasium 1895 sein Abitur ab. An der TH Hannover begann er ein Chemiestudium, dass er nach drei Semestern zugunsten eines Geologiestudiums in Göttingen aufgab. 1899 schloss er das Studium mit einer Promotion (Stille 1900) über die tektonische Entwicklung des Teutoburger Waldes bei seinem verehrten Lehrer Adolf von Koenen (1837–1915) ab. 1899 leistete er freiwillig einen einjährigen Militärdienst ab, 1906 wurde er zum Leutnant der Reserve ernannt. Von 1900 bis 1908 arbeitete er als kartierender Geologe an der Königlich Preußischen Geologischen Landesanstalt in Berlin. Gleichzeitig übernahm er Lehraufgaben an der Berliner Universität, wo er sich 1904 habilitierte. Von 1904 bis 1908 war er Privatdozent an der Berliner Universität. 1908 übernahm er an der TH Hannover die Professur für Mineralogie, Geologie und Hüttenkunde. 1912 ging er als Nachfolger von Hermann Credner (1841–1913) als Professor für Geologie und Paläontologie an die Universität Leipzig und wurde gleichzeitig Direktor der Erdbebenwarte sowie der Sächsischen Geologischen Landesanstalt. 1913 folgte er dem Ruf auf die Professur für Geologie und Paläontologie nach Göttingen, wo er bis 1932 blieb. Während dieser Zeit beschäftigt er sich vorwiegend mit tektonischen Fragestellungen, u.a. zur saxonischen Tektonik (Stille 1913). Die Lehrtätigkeit wurde von 1914 bis 1918 durch seinen Dienst als Frontoffizier und Kriegsgeologe während des 1. Weltkrieges unterbrochen. 1932 ging er bis zu seiner Emeritierung 1949 als Professor für Geologie und Paläontologie und Direktor des Geologisch-Paläontologischen Instituts und Museums der Friedrich-Wilhelms- bzw. Humboldt-Universität nach Berlin. In dieser Zeit beschäftigte er sich mit europaweiten Studien in Spanien, Südfrankreich, Norwegen, Italien und der damaligen Sowjetunion sowie auch in den USA mit transkontinentalen orogenen Phasen (Stille 1928, 1934, 1940). Seinen Ruhestand verbrachte Stille wieder in Hannover, wo er im hohen Alter von 90 Jahren am 26. Dezember 1966 verstarb.

Stille war sicher einer der weltweit einflussreichsten Geologen seiner Zeit. Er setzte mit seinem Buch *„Grundfragen der vergleichenden Tektonik“*, das er 1924 veröffentlichte, den Standard für geotektonische Forschungen für die nächsten Jahrzehnte. Er deutete die geologische Geschichte Europas als eine wiederholte Abfolge von tektonischen und magmatischen Stadien, die er als geosynklinal, orogen, quasikratonisch und kratonisch beschrieb. Daraus ergab sich die Zyklentheorie. Einige dieser Begriffe sind auch heute noch in Gebrauch, wenngleich ihre Bedeutung sich im Umfeld der Plattentektonik gewandelt hat. Stille blieb bis zu seinem Lebensende ein entschiedener Gegner der Kontinentaldrifthypothese. Er vertrat die von Giordano Bruno (1548–1600) erstmalig geäußerte und von Élie de Beaumont (s. S. 46) ausgearbeitete Kontraktionshypothese zur Erklärung von Erdkrustenbewegungen (Stille 1922). In seinen späteren Jahren bemühte er sich allerdings um eine Synthese mit dem Modell der Isostasie, da auch er bemerkte, dass eine ganze Reihe von Phänomenen mit der Kontraktion alleine nicht zu erklären sind. Er entwickelte das Modell der Epirogenese, mit dem großräumige Hebungen und Senkungen von Krustenschollen beschrieben werden.

Nach Stille´s Vorstellung beginnt ein Gebirgsbildungszyklus mit der Absenkung einer Geosynklinale, die durch einen Ozean mit basaltischem Vulkanismus gekennzeichnet ist. Dieses Stadium der Sedimentation wird von der orogenen Phase abgelöst, während der es zur Auffaltung eines Gebirges kommt. Die verdickten Schichten bewirken eine längere Verweildauer der Magmatite in den Magmenkammern, was zu einer verstärkten Differentiation führt. Der Vulkanismus der orogenen Phase ist dementsprechend durch felsische oder intermediäre Vulkanite geprägt. In der nachfolgenden quasikratonischen Phase dringen die Schmelzen nicht mehr bis an die Oberfläche sondern bleiben in der Kruste stecken, wo sie große Intrusivkörper bilden. In der abschließenden kratonischen Phase gibt es keine weiteren magmatischen Aktivitäten abgesehen von einzelnen intrakontinentalen, meist basaltischen Vulkanen. Stille war der Ansicht, dass es in Europa vier solcher Gebirgsbildungsphasen gegeben hatte: im Präkambrium die Bildung Ur-Europas mit der Entstehung Fennosarmatias (heute als Baltika bezeichnet), im Altpaläozoikum die Konsolidierung Paläo-Europas mit der kaledonischen Gebirgsbildung, im Jungpaläozoikum die Herausbildung Meso-Europas mit der Entstehung der Varisziden, den heutigen Mittelgebirgen in Europa, und im Wesentlichen im Känozoikum die Konsolidierung Neo-Europas während der alpidischen Gebirgsbildung, die bis heute andauert. Diese Vorstellungen sind heute auch im Lichte der Plattentektonik nicht als falsch zu bewerten. Sie sind lediglich durch dynamischere Modellvorstellungen ergänzt worden. Der Antriebsmechanismus wird heute komplett anders erklärt, aber die geologischen Befunde bleiben die gleichen. So sieht man die Gebirgsbildungen zu verschiedenen Zeiten heute nicht mehr im Sinne von weltweit korrelierbaren Phasen an, sondern als einen Ausdruck von globalen Plattenbewegungen, wobei sich die Gebirgsbildungen nach der Geometrie der jeweiligen Platten orientieren.

Stille erfuhr zahlreiche Ehrungen. Insgesamt sieben geowissenschaftliche Gesellschaften, darunter die drei deutschen, ernannten ihn zu ihrem Ehrenmitglied. Sechs Universitäten verliehen ihm die Ehrendoktorwürde: TH Hannover (1931), Sofia (1939), Tübingen (1953), Göttingen (1956), Jena (1958) und die Humboldt-Universität zu Berlin (1960). Zehn Akademien ernannten ihn zum Mitglied oder korrespondieren Mitglied, darunter die Leopoldina, die Preußische und die Bayerische Akademie der Wissenschaften. 1946 wurde ihm die erstmalig vergebene Leopold-von-Buch-Plakette der Deutschen Geologischen Gesellschaft, DGG (heute Deutsche Geologische Gesellschaft – Geologische Vereinigung, DGGV), verliehen. 1948 widmete ihm die DGG die neu geschaffene Hans-Stille-Medaille und ernannte ihn 1956 zu ihrem Ehrenvorsitzenden. 1953 erhielt er das Große Verdienstkreuz der Bundesrepublik Deutschland. Im gleichen Jahr benannte Paul Ramdohr (1890–1985) das seltene Mineral Stilleit aus der Gruppe der Sulfide und Sulfatsalze nach ihm und 1976 erhielt ein Bergrücken auf dem Mond den Namen Dorsa Stille.

Franz Kossmat

* 22. August 1871 in Wien, Österreich, † 1. Dezember 1938 in Leipzig

Franz Kossmat wurde 1871 als Sohn des Tischlermeisters Georg Kossmat und seiner Frau Theresia in Wien geboren. Am Kommunal-Real- und Obergymnasium in Wien-Mariahilf erhielt er seine schulische Ausbildung. 1890 begann er an der Universität Wien ein Studium der Geschichte und Geographie u.a. bei Prof. Albrecht Penck. Schon im 3. Semester wechselte er jedoch in die Geologie und Paläontologie, wo neben anderen auch Prof. Eduard Suess (s. S. 50) zu seinen Lehrern gehörte. 1894 promovierte Kossmat bei ihm mit einer paläontologischen Arbeit über die Bedeutung der südindischen Kreideformationen und erhielt unmittelbar danach eine Stelle als Assistent am geologischen Institut der Universität Wien. In der Folgezeit arbeitete er mit der Geologischen Reichsanstalt zusammen, zu der er 1897 als Mitarbeiter wechselte. 1900 habilitierte sich Kossmat bei Eduard Suess und wurde 1909 zum außerordentlichen Professor an der Universität Wien ernannt. 1911 folgte er einem Ruf auf eine ordentliche Professur für Mineralogie und Geologie an der Technischen Hochschule Graz. Dort blieb er nur zwei Jahre, denn 1913 erhielt er in der Nachfolge von Hermann Credner (1841–1913) und Hans Stille (s. S. 54) den Ruf auf eine Professur für Geologie an der Universität Leipzig und wurde Direktor des Geologisch-Paläontologischen Institutes. Gleichzeitig wurde er zum Direktor des Sächsischen Geologischen Landesamtes ernannt. Aus gesundheitlichen Gründen wurde Kossmat bereits 1934 im Alter von 63 Jahren vorzeitig emeritiert. Er hatte sich auf seinen letzten Forschungsreisen so schwere gesundheitliche Schäden zugezogen, dass es ihm nicht mehr möglich war, seinen Beruf weiter auszuüben. Seine wissenschaftliche Arbeit setzte er jedoch u.a. mit der Veröffentlichung einer seiner wichtigsten Arbeiten (1936, *Paläogeographie und Tektonik*) bis zu seinem Tod 1938 fort. Kossmat war mit Gertrude Fischer von Trautnach verheiratet und hatte zwei Töchter.

Kossmat unternahm schon früh umfangreiche geologisch ausgerichtete Reisen. 1893, lange bevor er als Professor an der Universität Leipzig tätig werden sollte, besuchte er das Erzgebirge. 1894 folgte eine Reise nach England, wo er sich vor allem mit Untersuchungen der Kreideformationen beschäftigte. 1897 nahm er am internationalen Geologenkongress in St. Petersburg, Russland, teil. Eine halbjährige Expedition 1898–1899 führte ihn nach Südarabien und Sokotra, eine Inselgruppe östlich des Horns von Afrika (zu Jemen gehörig). Es folgten Reisen in die Provence, Pyrenäen, Südspanien und Portugal, in die Schweizer Alpen, 1907 nach Konstantinopel (heute Istanbul, Türkei) und Trapezund am Schwarzen Meer (heute Trabzon, Türkei), sowie nach Stockholm und in den Vorderen Orient. Während des 1. Weltkrieges hatte Kossmat die Gelegenheit, als Wehrgeologe Forschungen auf dem Balkan, v.a. in Mazedonien und Serbien zu betreiben. Im Anschluss an seine Teilnahme am internationalen Geologenkongress in Madrid nahm er 1928 zum letzten Mal an einer Expedition teil. Nach der Rückkehr von dieser Reise, die ihn nach Turkestan führte, erkrankte er, wovon er sich nie wieder richtig erholte. Weitere Forschungsreisen konnte er aus diesem Grund nicht mehr durchführen.

Die wissenschaftliche Bedeutung der Arbeiten von Kossmat ist insbesondere auf dem Gebiet der Paläogeographie und ihren Zusammenhängen mit tektonischen Prozessen zu sehen. Zu Beginn beschäftigte er sich mit paläontologischen Arbeiten in kreidezeitlichen Gesteinen Indiens und Österreichs, daneben kartierte er als Sektionsgeologe der Geologischen Reichsanstalt vor allem im Karstgebiet und im Grenzgebiet der Südalpen und Dinariden und verfasste Abhandlungen und Fachgutachten zu angewandten und lagerstättenkundlichen Themen. Nach seinem Wechsel nach Leipzig wandte er sich neben anderen Themen intensiv der Erforschung der tektonischen Entwicklung des variszischen Gebirges zu. Seine Forschungen führten ihn sowohl ins Erzgebirge als auch in den Harz. Er erkannte übereinstimmende und trennende geologische Einheiten und leitete daraus die Grundzüge des tektonischen Aufbaus des variszischen Gebirges ab (1927: *Gliederung des varistischen Gebirgsbaus* – Abhandlungen des Sächsischen Geologischen Landesamtes, Bd. 1, S. 1–39). Seine Einteilung des paläozoischen Sockels Mitteleuropas in die großtektonischen Einheiten Rhenoherzynikum, Saxothuringikum und Moldanubikum ist auch heute, mehr als 90 Jahre nach ihrer Vorstellung gültig und allgemein anerkannt.

Das Schriftenverzeichnis von Franz Kossmat weist insgesamt ca. 90 Veröffentlichungen auf. Besonders hervorzuheben sind dabei seine Arbeiten zur Paläogeographie (1916, 2. Aufl. 1924: *Paläogeographie (Geologische Geschichte der Meere und Festländer)*, Sammlung Göschen; 1936: *Paläogeographie und Tektonik*, Gebr. Borntraeger), in denen Kossmat weitgehend unabhängig vom Geist seiner Zeit und ohne auf die zu seiner Zeit gerade gültigen Modellvorstellungen Rücksicht zu nehmen, die Zusammenhänge zwischen der Paläogeographie und tektonischen Entwicklungen aufzeigt. Dieses Werk ist auch im Lichte der Plattentektonik, die kurz zuvor von Alfred Wegener (s. S. 70) unter dem Begriff der Kontinentaldrifttheorie ins Leben gerufen wurde, von großer Bedeutung, da Kossmat den mobilistischen Ansatz nicht ausschließt. Die Plattentektonik setzte sich erst Ende der 60er Jahre des 20. Jahrhunderts durch, doch die Ideen von Kossmat sind nach wie vor aktuell.

Kossmat gehörte 1922 u.a. zusammen mit Gustav Angenheister (1878–1945), Beno Gutenberg (1889–1960), Ludger Mintrop (1880–1956) und Emil Wiechert (1861–1928) zu den Gründungsmitgliedern der Deutschen Seismologischen Gesellschaft, aus der sich später die Deutsche Geophysikalische Gesellschaft (DGG) bildete. Er wurde 1925 zum Mitglied der Leopoldina und 1937 zum korrespondierenden Mitglied der Preußischen Akademie der Wissenschaften gewählt. 1931 wurde Franz Kossmat die Ehrendoktorwürde der Technischen Hochschule Wien verliehen. Er erhielt zahlreiche Ehrungen in- und ausländischer Institutionen und wurde 1933 zum ersten Ehrenmitglied der Geologischen Vereinigung (heute Deutsche Geologische Gesellschaft – Geologische Vereinigung / DGGV) ernannt.

Serge von Bubnoff

* 15. Juli 1888 in Sankt Petersburg, Russland, † 16. November 1957 in Berlin

Serge von Bubnoff (mit vollem Namen Sergius Nikolajewitsch von Bubnoff) wurde 1888 als Sohn des russischen Arztes und Staatsrates Nikolai Dementjewitsch von Bubnoff und seiner deutschstämmigen Frau Marie Henriette, geb. Türstig, in Sankt Petersburg in Russland geboren. Sein Vater war Regimentsarzt und Leibarzt des Prinzen Alexander von Oldenburg, seine Mutter war bei dessen Schwester Prinzessin Therese als Gesellschafterin tätig. In St. Petersburg ging von Bubnoff aufs Gymnasium und erwarb dort 1906 das Abitur. Da er seine Jugend- und Schulzeit in St. Petersburg verbrachte, beherrschte er neben seiner deutschen Muttersprache auch Russisch. Sein Vater starb bereits 1889 im Alter von 52 Jahren, weswegen die im Schwarzwald geborene Mutter 1906 mit ihren drei Söhnen zurück nach Deutschland zog. Sie ließen sich in Heidelberg nieder.

Serge von Bubnoff studierte von 1906 bis 1910 in Freiburg im Breisgau Geologie und promovierte dort 1912 mit einer Arbeit über die Tektonik der Dinkelberge bei Basel, einem wesentlichen Beitrag zur Tektonik des Tafeljuras. Nach einer zweijährigen Tätigkeit an der Badischen Geologischen Landesanstalt ging er 1914 an die Universität Heidelberg und blieb infolge seiner angeborenen Schwerhörigkeit vom Kriegsdienst verschont. An der Universität Heidelberg habilitierte er sich 1921 mit einer Arbeit über *„Die herzynischen Brüche im Schwarzwald"*. Sein weiterer Weg führte ihn an die Universität Breslau, wo er 1925 zum Ordentlichen Professor für Geologie und Paläontologie ernannt wurde. Seine Antrittsvorlesung trug den Titel *„Philosophie der Geologie"*. Seine Auffassungen dazu veröffentlichte er später. Bereits 1929 wurde von Bubnoff an das Geologisch-Paläontologische Institut der Universität Greifswald berufen, an dem er über 20 Jahre tätig war. Nach dem Ende des Zweiten Weltkrieges und der Gründung der Deutschen Demokratischen Republik (DDR) trat er 1950 die Nachfolge von Hans Stille (s. S. 54) als Direktor und Professor des Geologisch-Paläontologischen Instituts der Humboldt-Universität zu Berlin an. Gleichzeitig wurde er zum Direktor des Geotektonischen Instituts der Deutschen Akademie der Wissenschaften der DDR zu Berlin berufen, das zu einer der Keimzellen des späteren Geoforschungszentrum (GFZ) Potsdam zählt. Das GFZ wurde 1990 nach der Wende in der Nachfolge des Zentralinstitutes für die Physik der festen Erde (ZIPE) gegründet.

Serge von Bubnoff gehörte zu den 34 Gründungsmitgliedern der Paläontologischen Gesellschaft, die 1912 unter der Leitung von Otto Jaekel (1863–1929) in Greifswald gegründet wurde. Während seiner Zeit in Greifswald gründete er 1936 das Deutsche Archiv für Geschiebeforschung. Ab 1935 war er Mitglied der Deutschen Akademie der Naturforscher Leopoldina sowie ab 1941 korrespondierendes Mitglied der Preußischen Akademie der Wissenschaften und ab 1949 ordentliches Mitglied von deren Nachfolgeinstitution, der Akademie der Wissenschaften der DDR zu Berlin. 1951 wurde er außerdem als korrespondierendes Mitglied in die Akademie der Wissenschaften zu Göttingen aufgenommen. 1948 verlieh ihm die Deutsche Geologische Gesellschaft (DGG, heute DGGV) die Leopold-von-Buch-Plakette. In den Jahren 1953 und 1955 erhielt er den Nationalpreis 1. Klasse der DDR sowie 1954 die Gustav-Steinmann-Medaille der Geologischen Vereinigung (GV). 1954 wurde er von der Gesellschaft für Geologische Wissenschaften der DDR (GGW) zum Ehrenvorsitzenden ernannt. Die GGW stiftete nach seinem Tod die Serge-von-Bubnoff-Medaille, die heute von der Deutschen Geologischen Gesellschaft – Geologische Vereinigung (DGGV) als Nachfolger der GGW weiterhin an verdiente Geowissenschaftler vergeben wird. Die Technische Hochschule Hannover (heute Universität Hannover) verlieh ihm 1956 die Ehrendoktorwürde.

Serge von Bubnoff hinterließ ein wissenschaftliches Werk von mehr als 5000 Druckseiten. Zu seinen Höhepunkten als akademischer Lehrer gehörte ein Vortragszyklus in russischer Sprache an der Moskauer Lomonossow-Universität (1956) vor einem Auditorium von mehr als 1000 Zuhörern. 1957 starb er im Alter von 69 Jahren an einem Herzinfarkt. Er wurde in Niesky im Landkreis Görlitz in der Oberlausitz auf dem Friedhof der evangelischen Bürgergemeinde beerdigt. Sein Nachlass befindet sich heute im Archiv der Berlin-Brandenburgischen Akademie der Wissenschaften.

Serge von Bubnoff lebte in einer Zeit, in der das geologische Weltbild noch auf der Kontraktionstheorie und dem Fixismus aufbaute. Das geologische Denken war bestimmt von Kratonen, stabilen und labilen Schelfen und von den Geosynklinalen, die Ausgangspunkt sein sollten für die Gebirgsbildungen. Das von Hans Stille entworfene geschlossene geotektonische Bild mit tektonischen Phasen und mit Magmenzyklen hatte jahrzehntelang die Geologie beherrscht.

Bereits 1920/21 beschäftigte sich von Bubnoff mit der Entstehung der Alpen im Lichte der Deckentektonik. Doch auch die Kohlelagerstätten Russlands und Sibiriens sowie in Schlesien gehörten zu seinen Forschungsobjekten. Mit seiner *„Geologie von Europa"* schuf er ein wesentliches Werk für Lehre und Praxis, das zum Teil auch in russischer Sprache erschien. In seinem Werk *„Fennosarmatia"* analysierte er 1952 den geologischen Bau Nordeuropas. In den *„Grundprobleme(n) der Geologie"*, der er den Untertitel *„Einführung in geologisches Denken"* gab, wird erkennbar, dass von Bubnoff die sich abzeichnenden Veränderungen in den geologischen Theorien schon gesehen hat und sich auch der Konsequenzen bewusst war, die sich aus der Theorie der Kontinentaldrift ergeben könnten: *„Es ist nicht zu verkennen, daß die vorgebrachten geologischen Tatsachen teils entschieden, teils wenigstens andeutungsweise* ***gegen*** *die fixistischen Hypothesen, insbesondere gegen die Kontraktions-Hypothese sprechen."*. Von Bubnoff hat den Durchbruch der plattentektonischen Theorie in der 60er-Jahren nicht mehr erlebt, aber er wäre sicher zu einem der ersten Fürsprecher dieser neuen Theorie geworden.

Nach Serge von Bubnoff ist die Bubnoff-Einheit als Maßeinheit für die sehr geringe Geschwindigkeit geologischer Vorgänge benannt. Eine Bubnoff-Einheit (1 B) entspricht einem Millimeter pro 1000 Jahre oder einem Meter pro Jahrmillion.

Hans Cloos

* 5. November 1885 in Magdeburg, † 26. September 1951 in Bonn

Hans Cloos wurde 1885 als Sohn des Regierungsbaurates Ulrich Cloos und seiner Frau Elisabeth, geb. Haeckel, in Magdeburg geboren. Als er zwei Jahre alt war, zogen seine Eltern in die Nähe von Saarbrücken, wo er später eingeschult wurde. Ein Schuljahr verbrachte er als dreizehnjähriger in Königfeld im Schwarzwald in einer evangelischen Knabenanstalt der Herrnhuter Brüdergemeinde. 1901 zog er mit seinen Eltern nach Köln, wo er 1905 seine Reifeprüfung ablegte. Im Anschluss daran begann er an der RWTH Aachen ein Architekturstudium, war sich aber zu der Zeit aufgrund seiner vielseitigen Begabungen nicht sicher mit dieser Wahl. Neben seiner künstlerischen Begabung – er spielte sehr gut Cello und konnte hervorragend zeichnen – interessierte er sich sehr für die Naturwissenschaften und so wechselte er schon wenige Monate nach Beginn seines Studiums an die Universität Bonn, wo er fortan Geologie studierte. Schon 1906 wechselte er an die Universität Jena und wenig später an die Universität Freiburg i.Br., wo er bei Gustav Steinmann (s. S. 52) studierte und bei Wilhelm Deeke (1862–1934) im Jahre 1910 promovierte. Thema seiner Dissertation war das „*Tafel- und Kettenland im Basler Jura*". 1911 heiratete Cloos seine erste Ehefrau Elisabeth, geb. Grüters, mit der er vier Kinder hatte. 1932 trennte er sich von seiner Frau und heiratete kurz darauf zum zweiten Mal, die verwitwete Schwägerin seiner Frau, Frieda Grüters, geb. Schwab. 1951 starb Hans Cloos in Bonn an den Folgen einer schweren Herzerkrankung.

Nach seinem Studium untersuchte Cloos in der damaligen deutschen Kolonie Deutsch-Südwestafrika (heute Namibia) unter anderem den Granit des Erongo-Gebirges. 1911 erkundete er im Auftrag der Standard Oil Company des US-amerikanischen Industriellen John D. Rockefeller (1839–1937) Erdöllagerstätten auf Borneo und Java. Forschungsarbeiten zu den „*Jura-Ammoniten aus dem Molukkengebiet*" nutzte er für seine Habilitationsschrift, mit der er sich 1914 an der Universität Marburg habilitierte. Im Harz beschäftigte er sich mit der tektonischen Entwicklung des Harznordrandes. Er erkannte, dass keilförmige Strukturen von Kreideablagerungen in überkippten Jurakalken eine Folge der Faltung während der Heraushebung des Harzes waren.

1917 vertrat Cloos die Professur für Geologie an der Universität Breslau und übernahm zwei Jahre später den freigewordenen Lehrstuhl als Professor für Geologie. In den folgenden Jahren untersuchte Cloos das räumlich nahe gelegene Riesengebirge in Schlesien, in dem er ähnliche Granite vorfand, wie im Erongo-Gebirge, das er einige Jahre zuvor erkundete. Granite wurden zu einem seiner Hauptuntersuchungsgebiete. Er entwickelte neue Methoden zur Untersuchung von Bewegungsrichtungen in magmatischen Körpern und konnte nach jahrelangen Beobachtungen und vielen tausend Messungen die Intrusionsgeschichte des Riesengebirges entschlüsseln. Die von ihm entwickelten Methoden wurden in der nachfolgenden Literatur als Granittektonik zusammengefasst. Diese Methoden wandte Cloos nach seiner Berufung auf die Professur für Geologie an der Universität Bonn im Jahre 1926 auch auf andere Plutone an, so z.B. in der Sierra Nevada in Nordamerika, wo er sehr ähnliche Strukturen und Entwicklungen feststellen konnte. Seine Arbeiten zur Granittektonik waren Pionierarbeiten, allerdings deckten sich seine Vorstellungen zur Bildung der Kontinente nicht mit denen Alfred Wegeners, den er zwar persönlich kannte und sehr schätzte, mit dessen Ideen er sich aber nicht anfreunden konnte.

Cloos unternahm zahlreiche Auslandsreisen. In Nordamerika besuchte er neben dem Granitmassiv der Sierra Nevada auch den Grand Canyon in Colorado und den Meteorkrater in Arizona. Auch in den skandinavischen Ländern unternahm er mehrere Exkursionen, die er in seinem Werk „*Bau und Bewegung der Gebirge in Nordamerika, Skandinavien und Mitteleuropa*" zusammenfasste. Sein besonderes Interesse galt den Grabenstrukturen, mit deren Studium er im Oslograben begann. Von Bonn aus untersuchte er Gräben sowohl am natürlichen Beispiel des Oberrheingrabens als auch anhand tektonischer Experimente, die er mit feuchtem Ton durchführte. Die Ergebnisse dieser Analogversuche werden heute im Geographischen Institut der Humboldt-Universität Berlin aufbewahrt.

Zusammen mit seinem Bruder Ernst Cloos (1898–1974), einem ebenfalls international bekannten Geologen, der an der John Hopkins Universität in Baltimore/USA lehrte, untersuchte er die Gesteine des Siebengebirges in der Nähe von Bonn. Hans Cloos konnte anhand der Ausrichtung der Sanidine am Drachenfels, die sich in der Fließrichtung des Magmas abkühlten, die Lage des Schlotes und die ehemalige Form des Drachenfels rekonstruieren.

Das wichtigste Werk von Hans Cloos ist zweifellos sein 1947 erschienenes Buch „*Gespräch mit der Erde*". Mit diesem, in mehrere Sprachen übersetzten, autobiographisch verfassten Werk wurde er weltweit bekannt. Das Buch zeichnet sich neben seinem sehr persönlich gehaltenen Stil durch viele von ihm selbst gezeichnete Landschaftsskizzen und Skizzen zur Geologie aus.

Hans Cloos erhielt zahlreiche Ehrungen. 1925 wurde er zum Mitglied der Deutschen Akademie der Naturforscher Leopoldina ernannt. 1948 erhielt er von der Geological Society of America deren höchste Auszeichnung, die Penrose-Medaille. Im gleichen Jahr verlieh ihm die Deutsche Geologische Gesellschaft die Leopold-von-Buch-Plakette. 1949, noch vor Gründung der DDR wurde er mit dem Nationalpreis II. Klasse für Wissenschaft und Technik ausgezeichnet. Posthum wurde ein Bergrücken auf dem Mond nach ihm benannt, der Dorsum Cloos. Die heutige Deutsche Geologische Gesellschaft – Geologische Vereinigung (DGGV) vergibt im Zweijahresrhythmus den Hans-Cloos-Preis für herausragende Nachwuchswissenschaftler. Der Preis wurde 2000 von der damaligen Geologischen Vereinigung (GV) gestiftet. Hans Cloos war von 1933 bis zu seinem Tod 1951 Vorsitzender der GV. In Würdigung seiner Verdienste auf dem Gebiet der Geotechnik, die er als eigenen Wissenschaftszweig etablierte, vergibt die International Association for Engineering Geology and the Environment (IAEG) alle zwei Jahre die Hans-Cloos-Medaille für herausragende Leistungen auf dem Gebiet der Ingenieurgeologie.

Franz Lotze

* 27. April 1903 in Amelunxen, † 23. Februar 1971 in Münster in Westfalen

Franz Lotze wurde 1903 in Amelunxen im Kreis Höxter in Westfalen geboren. Dort besuchte er auch das humanistische Gymnasium, das er 1922 mit der Hochschulreife abschloss. Im gleichen Jahr nahm er sein Studium an der Universität Göttingen auf, wo er sich zunächst für Mathematik, Physik und Chemie einschrieb. Geologie, Geophysik und Mineralogie kamen erst später hinzu, diesen Fächern widmete sich Lotze aber dann besonders intensiv. Seinen Doktorgrad erwarb er 1926 mit einer Dissertation über devonische Gesteine im Wennetal im Sauerland („*Das Mitteldevon des Wennetals nördlich der Elsper Mulde*"). Nach seiner Promotion wurde er Hilfsarbeiter und Assistent am Lehrstuhl von Prof. Dr. Hans Stille (s. S. 54), der sich für die Geologie Spaniens interessierte und viele seiner Mitarbeiter zu Geländearbeiten dorthin schickte. Franz Lotze ging im Januar 1928 erstmalig nach Spanien, um dort die Stratigraphie und Tektonik der paläozoischen Keltiberischen Ketten zu studieren, die zu der Zeit noch weitgehend unbekannt waren. Er benötigte 4 Monate für seine Feldarbeiten und konnte schon Anfang des folgenden Jahres seine Habilitationsschrift einreichen. 1929 wurde er mit seiner stratigraphisch-tektonischen Analyse der Keltiberischen Ketten an der Universität Göttingen habilitiert. Heute zählt diese Arbeit zu den Basisarbeiten des spanischen Paläozoikums. In den folgenden Jahren arbeitete Lotze unermüdlich an der weiteren Erkundung des kantabrischen Gebirges und der westlichen Pyrenäen, obwohl ihm oft nur primitive Hilfsmittel und sehr ungenaue Karten ohne Höhenangaben zur Verfügung standen.

1932 erhielt Franz Lotze die Venia Legendi an der Berliner Humboldt-Universität, wo er fortan als Privatdozent tätig war. Er folgte Hans Stille, der 1932 die Leitung des Geologisch-Paläontologischen Institutes in Berlin übernahm. 1935 wurde er zum nichtbeamteten außerordentlichen Professor an der Humboldt-Universität ernannt. Von 1937 bis 1941 arbeitete Lotze in verschiedenen Regionen der iberischen Halbinsel und in Marokko, wo er Lagerstätten erkundete. Für seine umfangreichen Aktivitäten erhielt er 1942 den Orden „Cruz de Caballero de la Orden de Isabel la Católica".

1941 schied Lotze aus der außerordentlichen Professur in Berlin aus und übernahm nach dem Anschluss Österreichs an das Deutsche Reich als Regierungsdirektor die Zweigstelle Wien der Reichsstelle für Bodenforschung, die er bis 1945 leitete und die nach dem Zweiten Weltkrieg wieder zur Österreichischen Geologischen Bundesanstalt wurde.

1945 publizierte Lotze, basierend auf stratigraphischen, tektonischen und magmatischen Kriterien eine Einteilung des variszisch geprägten Iberischen Massivs in sechs verschiedene Zonen, die bis heute in unveränderter Form genutzt wird.

Nach dem Zweiten Weltkrieg nahm Lotze zunächst eine Anstellung bei der Wasserwirtschaftsstelle in Lippstadt an. 1948 wurde er dann als Ordinarius auf den Lehrstuhl für Geologie und Paläontologie an der Westfälischen Wilhelms-Universität zu Münster berufen und zum Direktor des Geologisch-Paläontologischen Institutes und Geologischen Museums ernannt. Er übernahm ein Institut, das im Krieg fast völlig zerstört worden war, schaffte es aber, auch dank privater Spenden, dass das Institut für Geologie und Paläontologie als erstes seiner Universität wieder bezogen werden konnte und voll funktionsfähig war. 1952 nahm er seine Arbeiten in Spanien wieder auf und begann, sich intensiv mit dem Kambrium der Iberischen Halbinsel auseinanderzusetzen. 1961 publizierte er sein Werk „*Das Kambrium Spaniens*", das zu einem der wichtigsten Synthesen seiner Zeit wurde. Insgesamt 20 Jahre bis zu seiner Emeritierung im Jahr 1968 leitete Lotze das Münster´sche Institut. Nur drei Jahre später starb er in Münster nach schwerer Krankheit.

Franz Lotze war ein außerordentlich vielseitiger Geowissenschaftler, der sich durch eine schier unglaubliche Menge gesammelter wissenschaftlicher Daten auszeichnet. Seine Beobachtungsgabe und die Exaktheit seiner Darstellungen sind beispielhaft und kennzeichnen einen Wissenschaftler, der einer der letzten „Generalisten" war, denen es noch möglich war, einen Überblick über große Teile seines Fachgebietes zu behalten. Er stammte aus der Stille´schen Tradition, die auch als die „Fixisten" gelten – im Vergleich zu den „Mobilisten", die schon frühzeitig die Bewegung der Kontinente nicht ausschließen wollten. Aber Lotze befasste sich mit Themen, die später unter plattentektonischen Aspekten wiederaufgenommen und ganz in seinem Sinne interpretiert wurden. So entwickelte er z.B. im Zusammenhang mit seinen Arbeiten zur saxonischen Tektonik Modelle für die Bewegung von Schollen, die ohne Abstriche auf die Entwicklung von Tripelpunkten (z.B. seine Arbeiten zur Kinematik im Eichenberger Grabenknoten) oder Spreizungszonen mit dazwischenliegenden Transformstörungen (die er als treppenförmige Zerreißungszone bezeichnete) übertragbar sind. Publiziert hat er diese Modelle bereits 1937 in seiner Arbeit „*Zur Methodik der Forschungen über saxonische Tektonik*" – Geotektonische Forschungen, 1: 6–27).

Franz Lotze war in seiner aktiven Zeit Herausgeber oder Mitherausgeber einer ganzen Reihe von Publikationsreihen. Neben dem „Neuen Jahrbuch für Geologie und Paläontologie" und dem „Zentralblatt für Geologie und Paläontologie Tl. I" gab er die „Geotektonischen Forschungen", das „Handbuch für Stratigraphie" und die „Sammlung geologischer Führer" heraus.

Er erhielt im Laufe seines wissenschaftlichen Lebens zahlreiche Ehrungen. Er wurde zum Mitglied der Deutschen Akademie der Naturforscher zu Halle, der Akademie der Wissenschaften und der Literatur zu Mainz sowie der Rheinisch-Westfälischen Akademie der Wissenschaften ernannt. Er gehörte der Real Sociedad Española de Historia Natural und als korrespondierendes Mitglied dem Consejo Superior de Investigaciones Scientíficas Madrid an und genoss ein hohes internationales Ansehen. Die Deutsche Geologische Gesellschaft verlieh ihm 1955 ihre höchste Auszeichnung, die Hans-Stille-Medaille.

Andrija Mohorovičić

* 23. Januar 1857 in Volosko bei Opatija, Kroatien, † 18. Dezember 1936 in Zagreb, Kroatien

Andrija Mohorovičić wurde am 23. Januar 1857 als Sohn des Schiffszimmermanns Andrija Mohorovičić in Volosko bei Opatija in Kroatien geboren. Seine Mutter starb bereits kurz nach seiner Geburt. Seine Schulausbildung erhielt er zunächst in seiner Heimatstadt, später wechselte er auf das Gymnasium im benachbarten Rijeka, wo er ein brillanter Schüler wurde, der schon im Alter von 15 Jahren Italienisch, Englisch und Französisch beherrschte. Später kamen noch Latein, Altgriechisch, Deutsch und Tschechisch hinzu. Von 1875 bis 1879 studierte er an der Universität in Prag Mathematik und Physik. Einer seiner Lehrer dort war der österreichische Physiker Ernst Mach (1838–1916). 1879 schloss Mohorovičić sein Studium mit dem Examen ab. Mit seiner Frau Silvija, geb. Vernić, der Tochter eines Kapitäns, hatte er vier Söhne (Andrija, Ivan, Stjepan und Franjo).

Seine Karriere begann Mohorovičić als Lehrer an einem Gymnasium in Zagreb (1879–1880) und nachfolgend an einer weiterführenden Schule in Osijek. Ab 1882 lehrte er an der königlichen Seemannsschule in Bakar (bei Rijeka), wo er sich erstmalig intensiv mit der Metorologie auseinandersetzte. 1887 gründete er hier ein meteorologisches Observatorium, an dem er kontinuierlich meteorologische Beobachtungen vornahm. So interessierten ihn die Luft- und Wolkenbewegungen, deren Geschwindigkeit und Bewegungsrichtung er mit einem selbstkonstruierten Gerät, dem „Nephoskop" registrierte. 1891 wechselte er auf eigenen Wunsch an die Technische Hauptschule in Zagreb und wurde dort Lehrer. 1892 wurde er zum Direktor des meteorologischen Observatoriums (Landesanstalt für Meteorologie und Geodynamik) in Grič/Zagreb ernannt. 1893 promovierte er mit einer meteorologischen Arbeit („*On the Observation of Clouds, and the Daily and Annual Cloud Period in Bakar*") an der Universität Zagreb. In den folgenden 25 Jahren lehrte er zunächst Geophysik und Astronomie, später auch Meteorologie und Klimatologie an der Universität in Zagreb. Die Jugoslawische Akademie der Wissenschaften und Künste in Zagreb (heute „Kroatische Akademie der Wissenschaften und Künste", Abk. HAZU) ernannte Mohorovičić 1893 zum außerordentlichen Mitglied und 1898 zum Vollmitglied. Im gleichen Jahr wurde er zum Privatdozenten an der Universität Zagreb ernannt. 1910 erhielt er dort den Titel des außerordentlichen Professors.

Bis ca. 1900 galt sein Hauptinteresse der Meteorologie, wie zahlreiche Studien zu Luftbewegungen, Wolkenbildungen und Beobachtungen von Tornados belegen. Am 13. März 1892 wurde er Zeuge der Auswirkungen eines Tornados in Novska, bei dem ein 13 Tonnen schwerer Eisenbahnwaggon mit 50 Passagieren 30 m durch die Luft geschleudert wurde. In seiner letzten Veröffentlichung zu einem meteorologischen Thema beschäftigte er sich mit den abnehmenden Temperaturen der Atmosphäre mit zunehmender Höhe. Ab etwa 1901 wandte er sich dann aber der Seismologie zu, weil es in seinem Umfeld auf dem Balkan immer wieder zu Erdbeben kam. Das Observatorium in Grič wurde nach einem Erdbeben schon 1880 mit einem Seismografen ausgestattet, der jedoch noch recht ungenau war. Nach einem starken Erdbeben im Jahre 1901 gelang es Mohorovičić und seinen Kollegen wesentlich leistungsfähigere Instrumente anzuschaffen, darunter auch ein astatischer Horizontalseismograph von Emil Wiechert (1861–1928). Am 8. Oktober 1909 registrierte er mit den gerade zuvor installierten Geräten ein weiteres starkes Erdbeben, dessen Epizentrum sich in Pokupsko südöstlich von Zagreb befand und äußerst wertvolle Daten lieferte. Mohorovičić beobachtete an den Seismogrammen, dass einige P- und S-Wellen später eintrafen als erwartet.

Er schloss daraus, dass seismische Wellen, wenn sie an eine Grenze unterschiedlicher Materialien kommen, reflektiert und gebrochen werden, ganz ähnlich wie es mit Licht in einem Prisma passiert. Außerdem erkannte er, dass zwei verschiedene Wellentypen, Longitudinalwellen (P-Wellen) und Scherwellen (S-Wellen) mit unterschiedlichen Geschwindigkeiten durch die Erde hindurchlaufen. Aus den vorliegenden Daten errechnete er, dass die seismischen Wellen an einer Grenzfläche in etwa 54 km Tiefe gebrochen wurden und stellte fest, dass die Erde mehrere Lagen über einem Kern haben muss. Auf der Grundlage seismischer Wellen wies er als erster nach, dass die Erdkruste durch eine Diskontinuität vom Erdmantel getrennt ist. Spätere Untersuchungen bestätigten diese Grenzfläche als ein weltweites Phänomen: darunter beginnt der Erdmantel. Diese Grenzfläche wird heute als die Mohorovičić-Diskontinuität bezeichnet, meist wird jedoch die verkürzte Bezeichnung „Moho" verwendet. Heute wissen wir, dass die Moho unter dem Ozeanboden in ca. 6–9 km Tiefe und unter den Kontinenten im Durchschnitt in 30–40 km Tiefe, unter Gebirgen auch in über 70 km Tiefe liegt.

Mohorovičić nahm an, dass die Geschwindigkeit der seismischen Wellen mit der Tiefe zunimmt. Die von ihm vorgeschlagene Funktion zur Geschwindigkeitsberechnung seismischer Wellen wird als das Mohorovičić-Gesetz bezeichnet. Weiterhin entwickelte er eine Methode zur Bestimmung von Erdbeben-Epizentren und beschäftigte sich mit der Laufzeit von seismischen Wellen über Distanzen von mehr als 15.000 km von ihrem Ursprungsort.

Schon 1909 begann Mohorovičić mit Vorlesungen für Architekten und Bauherren, in denen er bereits einige Grundprinzipien des erdbebensicheren Bauens lehrte. Damit war er war seiner Zeit weit voraus und manche seiner visionären Theorien wurde erst viele Jahre später anhand detaillierter Beobachtungen richtig verstanden. Mohorovičić gilt heute als einer der wichtigsten Seismologen und Grundlagenwissenschaftler der ersten Hälfte des 20. Jahrhunderts.

1921, zehn Jahre nach dem Höhepunkt seiner wissenschaftlichen Laufbahn, der Entdeckung der Kruste/Mantel-Grenze, trat Mohorovičić in den Ruhestand. Am 18. Dezember 1936 starb er in Zagreb. In Anerkennung seiner großen Entdeckungen wurde 1970 ein großer Krater (77 km Durchmesser) auf der erdabgewandten Seite des Mondes nach ihm benannt, 1996 folgte die Benennung eines Asteroiden (# 8422) nach ihm. In Kroatien sind mehrere Straßen und Schulen nach ihm benannt.

Inge Lehmann

* 13. Mai 1888 in Kopenhagen, Dänemark, † 21. Februar 1993 in Kopenhagen, Dänemark

Inge Lehmann wurde 1888 als Tochter des Experimentalpsychologen Alfred Lehmann und seiner Frau Ida Sophie Tørsleff in Kopenhagen geboren. Ihre Schulzeit verbrachte sie in der ersten, von einer Tante des dänischen Physikers und Nobelpreisträgers Niels Bohr (1885–1962) gegründeten Gemeinschaftsschule Dänemarks, der „Fællesskolen", in der zwischen dem Intellekt der Jungen und Mädchen kein Unterschied gemacht wurde. 1907 begann sie ein Studium der Mathematik an der Universität von Kopenhagen und ging 1910 an das Newnhamn College in Cambridge/UK. Ein Jahr später kehrte sie völlig verausgabt wieder nach Kopenhagen zurück und beendete vorerst ihr Studium. Von 1912 bis 1918 arbeitete sie bei einer Versicherungsfirma, wo sie sich mit versicherungsmathematischen Problemen beschäftigte. 1918 kehrte sie jedoch an die Universität in Kopenhagen zurück und erhielt dort schließlich 1920 den Grad einer *candidata magisterii* in Mathematik. Danach ging sie zum weiteren Studium der Mathematik nach Hamburg und kehrte 1923 nach Dänemark zurück, wo sie Assistentin von Prof. Johan Frederik Steffensen (1873–1961) am Lehrstuhl für Versicherungsmathematik wurde.

1925 wurde so etwas wie ein Wendepunkt in Inge Lehmann's Leben. Sie wurde Assistentin des Kopenhagener Geodäten Niels Erik Nørlund (1885–1981), der sie mit dem Aufbau seismologischer Observatorien in Dänemark und Grönland beauftragte. In dieser Zeit begann ihr Interesse an der Seismologie und sie lernte bei einem Aufenthalt in Darmstadt den Seismologen Beno Gutenberg (1889–1960) kennen, der 1914 die Grenze des Erdkerns bestimmt hatte. 1928 machte Inge Lehmann ihren Masterabschluss in Geodäsie und trat unmittelbar danach eine Stellung als staatliche Geodätin und Leiterin der Seismologischen Abteilung am Geodætisk Institut in Kopenhagen an.

Aufgrund intensiver Diskussionen mit Beno Gutenberg und Harold Jeffreys (1891–1989), einem britischen Geophysiker, machte sich Inge Lehmann daran, seismische Aufzeichnungen verschiedener europäischer Seismik-Stationen zu untersuchen und zu evaluieren. Kopenhagen gehörte dabei zu den fünf besonders genau arbeitenden Stationen. Durch die Auswertung unzähliger Seismogramme und dabei insbesondere derjenigen, die in Kopenhagen aufgezeichnet worden waren, fiel ihr auf, dass bestimmte Wellen, die von Erdbeben im Pazifik ausgingen, das Erdinnere durchliefen und in Dänemark aufgezeichnet wurden, nicht erklärbar waren. Sie stellte dies präzise an den seismischen Wellen eines Erdbebens fest, das sich 1929 in Neuseeland ereignete und in allen europäischen seismischen Stationen aufgezeichnet wurde. Man kannte bereits die Schattenzonen seismischer Wellen, anhand derer Gutenberg auf die Existenz des Erdkerns geschlossen hatte. Lehmann hatte nun aber den Verdacht, dass die in Dänemark gemessenen rätselhaften Wellen an einem kleineren, inneren Erdkern reflektiert wurden. Sie führte daraufhin zahlreiche Berechnungen durch und entwickelte das Modell, das den Erdkern in einen inneren festen und einen äußeren flüssigen Kern unterteilt. 1936 stellte sie dieses Modell in einer Arbeit vor, die den wohl kürzesten Titel der Wissenschaftsgeschichte trug: „*P'* ". P' ist das Symbol für die so genannten Kompressionswellen. Diese Wellen sind mit Stoßwellen wie z.B. den Schallwellen vergleichbar, die sowohl durch flüssige als auch feste und gasförmige Medien hindurchlaufen, während sich die S- oder Schwerwellen in Flüssigkeiten und Gasen nicht fortbewegen können. Deshalb enden diese im damals schon bekannten äußeren, flüssigen Erdkern. Innerhalb weniger Jahre wurde die von Inge Lehmann formulierte Theorie des inneren Kerns auch von den anderen Geophysikern akzeptiert, nachdem sie eigene Berechnungen anstellten und zu ähnlichen Ergebnissen kamen. 1938 bestimmten Beno Gutenberg und Charles F. Richter (s. S. 68) den Durchmesser des inneren Kerns mit ungefähr 1200 km.

Inge Lehmann war bis zu ihrer Pensionierung im Jahr 1953 leitende Seismologin am Geodætisk Institut in Kopenhagen. Sie war 1952 für eine Geophysik-Professur an der Universität Kopenhagen vorgeschlagen, doch wurde dies durch den Einspruch von Niels Bohr verhindert, so dass die Stelle für 10 Jahre unbesetzt blieb. Lehmann nahm dies zum Anlass, ihre vorzeitige Pensionierung zu beantragen und sich fortan sehr viel mehr der Forschung zu widmen. Sie folgte immer wieder Einladungen in die Vereinigten Staaten, wo sie oftmals mehrere Monate am Lamont Observatory in New York, an den Seismographischen Stationen der University of California in Berkeley und mit Gutenberg am Seismologischen Labor in Pasadena, Kalifornien/USA arbeitete. Einige Zeit verbrachte sie auch am Dominion Observatory in Ottawa/Kanada. Sie konnte mit stark verbesserten Messmethoden arbeiten und war am Aufbau des Worldwide Standardized Seismographic Network beteiligt. Die in den 50er und 60er Jahren durchgeführten unterirdischen Atombombentests erlaubten eine sehr präzise Beobachtung von seismischen Wellen, anhand derer Inge Lehmann weitere Diskontinuitäten im Erdmantel entdeckte, die heute als die Lehmann-Diskontinuitäten bekannt sind. 1987 schrieb sie 99-jährig ihren letzten Artikel mit dem Titel „*Seismology in the Days of Old*". Am 21. Februar 1993 starb sie im Alter von fast 105 Jahren.

1957 wurde Inge Lehmann zum Mitglied der Royal Astronomical Society in London gewählt, zwei Jahre später zum Honorary Fellow der Royal Society in Edinburgh. Sie erhielt zahlreiche Ehrungen, darunter das dänische Tagea Brandt Reise-Stipendium sogar gleich zweimal (1938 und 1967). Sie wurde 1964 mit der Emil-Wiechert Medaille der Deutschen Geophysikalischen Gesellschaft ausgezeichnet, erhielt 1965 die Goldmedaille der Königlichen Dänischen Akademie der Wissenschaften. 1971 erhielt sie die Bowie-Medaille der American Geophysical Union und 1977 die Medaille der Seismological Society of America. 1964 wurde sie zum Ehrendoktor an der Columbia University in New York/USA und 1968 zum Ehrendoktor der Universität Kopenhagen ernannt. Die American Geophysical Union vergibt seit 1997 jährlich die Inge-Lehmann-Medaille für besondere Beiträge zum Verständnis der Struktur, Zusammensetzung und Dynamik des Erdmantels oder Erdkerns.

Charles Francis Richter

* 26. April 1900 in Overpeck bei Hamilton, Ohio, USA, † 30. September 1985 in Pasadena, Kalifornien, USA

Charles Francis Richter wurde am 26. April 1900 in Overpeck bei Hamilton, Ohio, USA geboren. Seine Eltern, Fred W. Kinsinger und Lillian Anna Richter wurden geschieden, als er noch sehr jung war. Er wuchs deshalb bei seinem Großvater mütterlicherseits auf, der mit der Familie 1909 nach Los Angeles umzog. Sein Urgroßvater wanderte 1848 infolge politischer Unruhen aus Baden-Baden (Baden-Württemberg) aus. In Los Angeles bekam Richter seine schulische Ausbildung an einer Highschool, die mit der University of Southern California assoziiert war. 1916 erhielt er seinen Abschluss, mit dem er sein Studium der Physik an der Stanford University begann. 1920 machte er seinen Abschluss in Physik und wechselte danach an das California Institute of Technology (CalTech) in Pasadena, Kalifornien, USA. Dort promovierte er 1928 (Ph.D.) in theoretischer Physik. Im gleichen Jahr heiratete er Lillian Brand aus Los Angeles, mit der zusammen er zeitlebens unter anderem seiner Leidenschaft, dem Nudismus, nachging. Die Ehe blieb kinderlos.

1927, noch vor Beendigung seiner Promotion bekam Richter von dem späteren Nobelpreisträger Robert Millikan (1868–1953) ein Jobangebot als Forschungsassistent am Carnegie Institute of Washington in Pasadena, Kalifornien. Dort arbeitete er im seismologischen Labor von Henry O. Wood (1879–1958), was ihn dazu brachte, sich fortan mit Problemen der Seismologie auseinanderzusetzen. In diesem Labor lernte er Beno Gutenberg (1889–1960) kennen, mit dem zusammen er später verschiedene Seismographen und die nach ihm benannte Richter-Skala zur Bestimmung der Stärke eines Erdbebens entwickelte.

Zu der Zeit als Charles Richter seine Zusammenarbeit mit Beno Gutenberg begann, gab es nur die 1902 von dem italienischen Priester und Geologen Giuseppe Mercalli (1850–1914) entwickelte und nach ihm benannte Mercalli-Skala, bei der die fühlbaren Auswirkungen und Zerstörungen zur Definition der Stärke eines Bebens herangezogen wurden (römische Ziffern I bis XII). Das Problem war, dass sich die Erdbebenstärke nur an subjektiven Angaben orientierte, die jedoch regional sehr unterschiedlich bewertet wurden und in unbesiedelten Gegenden keine verlässlichen Angaben lieferten. Richter und Gutenberg entwickelten hingegen eine Skala, die sich an messbaren Größen orientierte und somit ein unabhängiges Maß für die Stärke eines Erdbebens bot.

1932 begannen Richter und Gutenberg mit ihrer Arbeit an der neuen Erdbebenskala, die 1936 unter dem Namen Richter-Skala veröffentlicht wurde. Gutenberg scheute die Öffentlichkeit und wollte seinen Namen nicht zur Benennung verwendet wissen. Die Richter-Skala setzte sich innerhalb kürzester Zeit durch und verbreitete sich unter den Seismologen als die Standardmessmethode. Man hatte endlich ein weltweit einsetzbares und vergleichbares System für die Bestimmung von Erdbebenstärken gefunden. Richter verwendete für die Erdbebenstärke den Begriff Magnitude, in Anlehnung an die Bestimmung der Helligkeit von Sternen, die in der Astronomie ebenfalls als Magnitude bezeichnet wird. Die Skala ist logarithmisch aufgebaut, was bedeutet, dass ein Erdbeben der Magnitude 6,0 zehnmal stärker als eines der Magnitude 5,0 ist. Die bei einem Erdbeben freigesetzte Energie steigt dabei sogar um das dreißigfache. Richter und Gutenberg konzipierten die Skala für das Gebiet von Südkalifornien und beschränkten sie ursprünglich auf Magnituden-Werte bis 6,5, da die frühen Messgeräte stärkere Ausschläge nur ungenau wiedergaben. Das Verfahren funktioniert nur bei nahen Erdbebenereignissen, weshalb die Magnituden auch als Lokalmagnituden bezeichnet werden. Messungen von Erdbeben in mehr als 1000 km Entfernung werden mehr und mehr von Wellen, die durch den Mantel oder Kern liefen, überlagert und dadurch ungenau. Mit verbesserten Techniken und mathematischen Extrapolationen war es jedoch möglich auch Erdbeben mit Magnituden über 8 in der sogenannten „nach oben offenen“ Richter-Skala zu erfassen. Dennoch lassen sich mit der Richter-Skala nicht alle Erdbebenparameter erfassen, die für die umfassende Auswertung nötig sind. Deshalb hat sich heute weitgehend die Momentenmagnitude durchgesetzt. Während sich die Magnituden in den verschiedenen Skalen bei schwächeren Erdbeben nicht wesentlich unterscheiden, gibt es bei schweren Erdbeben z.T. erhebliche Abweichungen von bis zu einer Magnitude.

1936 wurde das seismologische Labor dem California Institute of Technology (CalTech) angegliedert und stand fortan unter der Leitung von Gutenberg. Zur gleichen Zeit begann Richter am CalTech mit Vorlesungen in Physik und Seismologie. 1952 wurde er dort Professor für Seismologie und blieb bis zu seinem Ruhestand im Jahr 1970. Lediglich 1959 unterbrach er seine Tätigkeit in Pasadena, indem er für ein Jahr im Rahmen eines Fullbright-Stipendiums nach Japan an die Universität von Tokio ging. In dieser Zeit begann er, sich mit erdbebensicherem Bauen zu beschäftigen und entwickelte Bauvorschriften. Er gab zahlreiche Hinweise für die Konstruktion von Gebäuden und regte an, dass die Bevölkerung in Übungen lernen sollte, wie sie sich im Falle eines Erdbebens verhalten soll.

In den späten 30er Jahren ermittelten Richter und Gutenberg auch die Magnituden von Tiefbeben, wo sie in Tiefen von z.T. über 300 km Magnituden der Stärke 8 und höher feststellten. Sie lokalisierten alle größeren Erdbeben und fassten sie in geographischen Gruppen zusammen. Anhand dieser Daten konnten andere Wissenschaftler später die in den Erdmantel einsinkenden ozeanischen Platten an Subduktionszonen identifizieren.

1949 publizierte Richter zusammen mit Gutenberg das Buch „*Seismicity of the Earth*“, das in seiner revidierten Fassung von 1954 zu einem Standardreferenzwerk der Seismologie wurde. 1958 erschien das wohl wichtigste Werk Richters, der insgesamt nur vergleichsweise wenig in den einschlägigen Fachjournalen publizierte, sein Buch „*Elementary Seismology*“. 1974 beteiligte er sich mit dem neuen Eintrag „*Earthquakes*“ an der 15. Auflage der „*Encyclopædia Britannica*“.

Am 30. September 1985 starb Richter an Herzversagen in Pasadena, Kalifornien.

Alfred Wegener

* 1. November 1880 in Berlin, † November 1930 auf Grönland

Alfred Lothar Wegener wurde am 1. November 1880 als jüngster Sohn von fünf Kindern des Theologen Richard Wegener und seiner Frau Anna, geb. Schwarz, in Berlin geboren. Der Vater kaufte 1886 ein Haus in Zechlinerhütte bei Rheinsberg, das zunächst als Feriendomizil und später als Wohnsitz der Familie diente. Hier konnte Alfred seinen naturwissenschaftlichen Neigungen nachgehen, wobei er seine Beobachtungen akribisch in Tagebüchern dokumentierte. Am Cöllnischen Gymnasium in Berlin schloss er 1899 seine Schulzeit mit dem Zeugnis der Reife ab und begann im gleichen Jahr ein Studium an der Universität Berlin. Er besuchte Vorlesungen in ganz verschiedenen naturwissenschaftlichen Disziplinen bevor er sich in Astronomie, Meteorologie und Physik spezialisierte. 1900 wechselte Wegener für das Sommersemester an die Universität Heidelberg und ein Jahr später wiederum für ein Semester an die Universität Innsbruck, wo er erste Erfahrungen mit schwierigen Bergtouren sammeln konnte. Von 1902 bis 1903 war er Assistent an der Volkssternwarte Urania in Berlin und begann seine Doktorarbeit über ein astronomisches Thema. 1905 schloss er seine Promotion ab, wandte sich danach aber zunehmend der Meteorologie und Physik zu.

1905 wurde Wegener Assistent am Aeronautischen Observatorium Lindenberg bei Beeskow, wo er mit seinem älteren Bruder Kurt zusammenarbeitete. Zu meteorologischen Messzwecken unternahmen sie Ballonaufstiege, bei denen sie 1906 einen neuen Dauerrekord für Ballonfahrer aufstellten. Im Juni desselben Jahres startete Wegener zu seiner ersten Arktisexpedition, die ihn zwei Jahre nach Grönland führen sollte. Auf dieser Expedition baute er die erste meteorologische Station auf Grönland auf und unternahm hier mit Drachen und Fesselballons meteorologische Messungen im arktischen Klima. Nach seiner Rückkehr 1908 ging er als Privatdozent nach Marburg, wo er sich mit Meteorologie, Astronomie und kosmischer Physik beschäftigte. In Marburg lernte er die Tochter seines Lehrers und Meteorologen Wladimir Köppen (1846–1940) kennen. 1913 heiratete er Else Köppen, mit der er drei Töchter hatte.

Die Marburger Jahre gehören zu den produktivsten Perioden Wegeners. 1912 trat er in einem Vortrag vor der Deutschen Geologischen Gesellschaft mit seiner Kontinentaldrifthypothese an die Öffentlichkeit. 1915 publizierte er die Thesen in seinem wichtigsten Werk: *„Die Entstehung der Kontinente und Ozeane"*. Dieses Werk wurde mehrfach überarbeitet und auch in die englische Sprache übersetzt. Die umfassendste Darstellung findet sich in der 1929 publizierten 4. Auflage.

Die zweite, ein Jahr dauernde Grönlandexpedition unternahm Wegener von Juli 1912 bis Juni 1913. Während dieser Expedition überwinterte seine kleine Gruppe erstmalig auf dem Inlandeis und überquerten es im darauffolgenden Sommer. Sie führten meteorologische Messungen durch und brachten die erste Eisbohrung auf einem Gletscher in der Arktis nieder. Nach der Expedition nahm er seine Privatdozentur in Marburg wieder auf. Am Ersten Weltkrieg nahm Wegener nur kurz an der Front teil, da er bald verwundet und felddienstuntauglich geschrieben wurde. Neben seiner dann folgenden Tätigkeit als Mitglied des Heereswetterdienstes konnte er sich aber der Ausarbeitung seines Hauptwerkes zur Kontinentalverschiebung widmen. Nach dem Krieg arbeitete er als Meteorologe bei der Deutschen Seewarte in Hamburg. 1921 wurde er an der neu gegründeten Universität Hamburg zum Außerordentlichen Professor berufen. In dieser Zeit arbeitete er zusammen mit seinem Schwiegervater Wladimir Köppen an dem gemeinsamen Buch *„Die Klimate der geologischen Vorzeit"* das 1924 veröffentlicht wurde und einen wichtigen Beitrag zur Paläoklimatologie lieferte. 1924 wurde er auf den Lehrstuhl für Meteorologie und Geophysik an der Universität in Graz berufen. Hier beschäftigte er sich vor allem mit der Physik der Atmosphäre und tropischen Wirbelstürmen.

1929 brach Wegener zu einer Vorexkursion für seine geplante Grönlandexpedition auf, um Standorte für die Basisstation und Fragen zur Ausrüstung zu klären. Ein Jahr später startete die Hauptexpedition unter seiner Leitung. Ungünstige Eisverhältnisse bei der Landung in Grönland zogen gleich zu Beginn einen Zeitverlust von mehr als 5 Wochen nach sich. Außerdem versagten die erstmals eingesetzten Propellerschlitten aufgrund zu tiefen Schnees und zu geringer Motorleistung komplett. All dies führte dazu, dass Wegener sich mit einem Begleiter zur Forschungsstation Eismitte, die er zuvor als Überwinterungsstation hatte einrichten lassen, durchschlagen musste, um die dortige Besatzung mit Nahrungsmitteln zu versorgen. Auf dem Rückweg ist er wegen zu hoher körperlicher Belastung vermutlich am 16. November 1930 an Herzversagen gestorben. Sein Begleiter, der ihn im Eis bestattete, blieb verschollen. Das Grab Wegeners wurde anderthalb Jahre später bei einer weiteren Expedition entdeckt.

Die erste Veröffentlichung der Kontinentaldrifthypothese erfuhr nur eine sehr geringe Resonanz. Schon bei der Vorstellung 1912 wurden seine Thesen strikt abgelehnt, was auch mit der Veröffentlichung in Buchform nicht besser wurde. Die Geologie war zu seiner Zeit dominiert von der Kontraktionshypothese, maßgeblich vertreten durch Hans Stille (s. S. 54) und Hans Cloos (s. S. 60). Auf der anderen Seite brachten Otto Ampferer (s. S. 74), Robert Schwinner (1878–1953) und Arthur Holmes (s. S. 76) Konvektionsströmungen als Motor für die Bewegung der Kontinente ins Gespräch. Einer der frühesten Befürworter war Alexander Logie du Toit (s. S. 78), der vergleichende Studien in Afrika und Südamerika durchführte und basierend auf seinen Ergebnissen die Kontinentaldrifthypothese als die beste Erklärungsmöglichkeit ansah. Erst in den 60er Jahren erfuhr die Theorie Wegeners ihren Durchbruch nachdem man den Mechanismus der Ozeanbodenspreizung und komplementär dazu der Subduktion erkannt hatte.

Zwar erfuhr Wegener zu Lebzeiten keine persönliche Ehrungen, doch sind mittlerweile viele Institutionen, (z.B. das Alfred-Wegener-Institut in Bremerhaven oder das Wegener Center für Klima und Globalen Wandel in Graz), Schulen und Straßen in verschiedenen Städten sowie zahlreiche Berge, Gletscher, Inseln oder Krater auf dem Mond und dem Mars nach ihm benannt. Die European Geosciences Union vergibt jährlich als ihre höchste Auszeichnung die Alfred-Wegener-Medaille.

Émile Argand

* 6. Januar 1879 in Eaux-Vives, heute Genf, Schweiz, † 14. September 1940 in Neuenburg /Neuchâtel, Schweiz

Émile Argand wurde 1879 als Sohn des kaufmännischen Angestellten Gédéon-Louis Argand und seiner Frau Franceline Jeannette, geb. Taberlet, aus Morzine in Savoyen geboren. Er besuchte die Berufsschule in Genf und war danach zunächst als Zeichner in einem Bauunternehmen beschäftigt. Sein Vater wollte, dass er Architekt wird. 1901 zog er jedoch zu seiner Mutter, die sich bereits 1887 von ihrem Mann getrennt hatte, und holte 1902 in Paris sein Abitur nach. Im selben Jahr begann er in Paris und Lausanne mit dem Studium der Medizin, wechselte aber ab 1904 zur Geologie, die ihn wirklich interessierte. Schon 1905 veröffentlichte er zusammen mit dem damals gerade erst neu berufenen Professor Maurice Lugeon (1870–1953) von der Universität Lausanne eine erste grundlegende Arbeit über den Strukturbau der penninischen Alpen und die Deckenüberschiebungen in Sizilien. Sein Studium setzte er neben Lausanne auch an der Universität Zürich fort. In seiner Dissertation (1909) beschäftigte er sich mit den Walliser und Piemonteser Alpen. Die Arbeit umfasst eine geologische Karte des Dent-Blanche-Massivs, die 1908 publiziert wurde („*Carte géologique du massif de la Dent Blanche*") und den dazugehörigen ausführlichen Begleitkommentar. Sie zählt heute zu den klassischen Kartenwerken der Alpen. Weitere Kartenwerke folgten, darunter 1911 die Decken der penninischen Alpen und im selben Jahr die Decken der Westalpen, in denen die geologischen Strukturen vom Golf von Genua bis hinein in die Zentralschweiz erstmals klar und nachvollziehbar dargestellt wurden.

1911 wurde Émile Argand zum Professor für Geologie an der Universität Neuchâtel in der Schweiz ernannt. 1913 wurde die internationale Öffentlichkeit erstmals auf ihn aufmerksam, als er den Spendiaroff-Preis des Internationalen Geologen-Kongresses erhielt. Er wurde für seine Arbeiten über die liegenden Falten in den Westalpen geehrt. 1916 erschien sein Werk „*Sur l'arc des Alpes occidentales*", eine Darstellung der alpinen Gebirgsbildung von ihren Ursprüngen an. Argand konnte zeigen, dass der Gipfel des Matterhorns aus Gesteinen besteht, die katazonal (d.h. hochmetamorph) überprägt wurden, während sich am Fuß des Berges deutlich niedriger metamorphe Gesteine mit epizonaler (d.h. niedriggradiger) metamorpher Überprägung befinden. Diese Zusammenhänge entschlüsselte Argand, indem er zeigte, dass es sich hier um regional übergreifende Strukturen in der gesamten penninischen Zone handelt. Er gruppierte tektonische Elemente mit bevorzugten Orientierungen und Inklinationen und entwickelte so die Anfänge der modernen Strukturanalyse. Obwohl er mehrere Angebote von anderen Universitäten erhielt, blieb er trotz der wenigen Studenten immer an der Universität Neuchâtel, da er hier die besten Arbeitsbedingungen geboten bekam. 1928 übernahm er hier noch zusätzlich die Professur für Mineralogie. Er war grundsätzlich interessiert an allem Neuen in der Wissenschaft. Er kaufte so viele Bücher wie er konnte und verschuldete sich dabei sogar. Als er 1927 den gut dotierten Marcel-Benoist-Preis, ein schweizerischer Wissenschaftspreis der Marcel-Benoist-Stiftung, erhielt, konnte er davon seine Schulden zurückzahlen. Den Preis bekam er für sein Hauptwerk mit der tektonischen Karte von Asien (s.u.). 1937 wollte Argand seine schon 1905 begonnene geologische Karte von Zermatt endlich vollenden. Er schaffte es, einen Entwurf fertigzustellen, dieser wurde jedoch nie gedruckt. Argand verstarb vor dessen Fertigstellung plötzlich im September 1940.

Argand arbeitete dreidimensional. Um die Entstehung der Alpen zu verstehen, musste er nun noch die zeitliche Dimension hinzufügen. Er entwickelte eine neue Forschungsrichtung, die er als Embryonaltektonik bezeichnete. Darunter verstand er eine Einheit aus Erforschung, kinematischer Analyse und Synthese, die durch die Rückführung der Bewegungen und Deformationen bis hin zum sedimentären Ursprung führen sollte. Seine heuristischen Methoden sollten die Abfolge von Ereignissen erklären, die zu den gegenwärtig vorliegenden, oft sehr komplexen Strukturen geführt haben. Dabei legte er besonderes Augenmerk auf die sedimentäre Entwicklung während des Gebirgsbildungsprozesses. Er entwickelte aus seinen Studien heraus eine Abfolge, die einer typischen Entwicklung eines Gebirges entspricht und stellte damit die Veränderung der sedimentologischen Eigenschaften eines Gebietes in einen Zusammenhang mit der tektonischen Entwicklung eines Gebirges.

Nach der Veröffentlichung der Kontinentaldrift-Hypothese durch Alfred Wegener (s. S. 70) im Jahre 1915 war Émile Argand einer der ersten, der das Potential dieser neuen Theorie erkannte. Er glaubte, dass die Kontinentaldrift den Motor für Gebirgsbildungen darstellen konnte und kam zu der Ansicht, dass dies mit seinem eigenen Entwicklungsmodell übereinstimmt. Er erkannte, dass die Dinariden und die Ostalpen den Nordrand von Afrika (in Verbindung mit Indien) darstellten und somit die Alpen durch die Überschiebung von Afrika auf Europa entstanden sein müssen. Die Wegener´sche Hypothese wurde fortan der Rahmen, innerhalb dessen er ein neues Konzept für die Strukturentwicklung des eurasischen Raumes konzipierte. Dieses von ihm als mobilistisch bezeichnete Konzept konnte er erstmals 1922 beim Internationalen Geologen-Kongress in Brüssel mit der Revision der tektonischen Karte von Eurasien vorstellen. 1924 publizierte er die Karte mit Text in seinem wichtigsten Werk, „*La tectonique de l'Asie*". In dieser Arbeit setzt er quasi als Gegenpol zur Theorie der Auffaltung von Geosynklinalen die Verwerfung und Überschiebung von alten kristallinen Plattformen, ohne dass die alten Strukturen reaktiviert werden müssen, die aber mit der Entwicklung von charakteristischen Sedimentationsstrukturen einhergehen. Er gibt dazu Beispiele aus Europa, Asien und Amerika. So vermutete er z.B. dass sich Indien unter Eurasien schob und damit den Himalaya hochdrückte. Dieser fundamental wichtige Text hatte vor allem in der französischsprachigen Welt viel Einfluss, in der englischsprachigen Welt blieb ihm hingegen der große Durchbruch verwehrt und es sollte noch 40 weitere Jahre dauern, bis sich das Konzept der modernen Plattentektonik, das Argand in seinem Text schon andeutete, weltweit durchsetzte.

Otto Ampferer

* 1. Dezember 1875 in Hötting bei Innsbruck, Österreich, † 9. Juli 1947 in Innsbruck, Österreich

Otto Ampferer wurde 1875 als Sohn des Postbeamten Nikolaus Ampferer und seiner Frau Gertraud, geb. Zangerl, in Hötting bei Innsbruck geboren. Er wurde sozusagen in die Alpen hineingeboren. Sein Vater stammte aus dem Karwendelgebirge und er selbst wuchs im Umfeld der Lechtaler Alpen auf – diese beiden Regionen hatten es Ampferer später besonders angetan, sie wurden zum Hauptuntersuchungsgebiet seiner Forschungen in den Alpen. Schon in der Schule kam er über seinen Lehrer Johann Schuler mit den Naturwissenschaften und hier besonders mit der Geologie in Kontakt. So half er seinem Lehrer beim Bau eines Reliefs von Tirol, zu dem er die verschiedenen Gesteine zusammentrug. 1895 begann er an der Universität Innsbruck mit dem Studium der Physik und Mathematik und vor allem der Geologie bei Josef Blaas (1851–1936). 1899, nach nur vier Jahren Studium erhielt er bereits den Doktortitel mit einer Arbeit über die Geologie des südlichen Karwendelgebirges. Diese Arbeit wurde von der Universität Innsbruck mit einem Preis ausgezeichnet. 1902 heiratete Ampferer seine Frau Olga, geb. Sander, die Schwester des Innsbrucker Geologen Bruno Sander (1884–1979). Sie blieb ihm Zeit seines Lebens seine treueste Mitstreiterin und Assistentin.

1901 begann Otto Ampferer als Geologe bei der damaligen k.-k. Geologischen Reichsanstalt in Wien (heute Geologische Bundesanstalt). Er war ein hervorragender Feldgeologe, der große Gebiete in den Nördlichen Kalkalpen kartierte und wichtige Beiträge zur Stratigraphie und Deckentektonik lieferte, u.a. beschrieb er 1901 erstmalig die Karwendelüberschiebung. Er erkannte zudem, dass die Kräfte, die notwendig sind, um Überschiebungsbeträge in der Größenordnung von mehr als 100 km zu erreichen, nicht allein aus der Erdkruste stammen können. Basierend auf diesen Überlegungen und seinen eigenen Erfahrungen und Beobachtungen im Gelände nahm er daher an, dass Fließprozesse tiefer im Erdinneren stattfinden müssen, die zur Deformation und Herausbildung von Gebirgen fähig sind. Mit seiner Arbeit *„Über das Bewegungsbild von Faltengebirgen"*, die 1906 erschien, begründete er die darin beschriebene „Unterströmungstheorie" zur Erklärung der Entstehung von Faltengebirgen. Er vertrat mit dieser Theorie die Ansicht, dass die Gebirgsbildung auf zähplastische Strömungen zurückzuführen ist, die in Schichten unterhalb der Erdkruste stattfinden. Dort stehen die Gesteinsmassen unter solch hohem Druck und hoher Temperatur, dass sie fließfähig werden. Innerhalb der Erdkruste sind solche Bewegungen nicht möglich. In ihren Grundzügen nahm er mit dieser Theorie schon die moderne Plattentektonik vorweg (s.u.). Weiterhin beschäftigte sich Ampferer mit der eiszeitlichen Vergletscherung der Alpen, die er vor allem in seinen Kartenwerken berücksichtigte.

Ab 1908 war Ampferer als anerkannte Autorität in Bezug auf die österreichische Alpengeologie maßgeblich an der Projektierung österreichischer Wasserkraftwerke beteiligt. Nahezu einhundert Berichte zu derartigen Projekten wurden von ihm während seiner Amtszeit verfasst. 1919 wurde er zum Chefgeologen und Oberbergrat ernannt und stieg 1925 zum Vizedirektor der Geologischen Staatsanstalt (so lautete der Name der Geologischen Bundesanstalt zwischen den beiden Weltkriegen) auf. Von 1935 bis 1937 war er der Direktor der Anstalt.

1941 erschien das wohl wichtigste Werk von Otto Ampferer, das aber leider nur wenig Beachtung fand: *„Gedanken über das Bewegungsbild des atlantischen Raumes"*, veröffentlicht in den Sitzungsberichten der Akademie der Wissenschaften in Wien. In diesem 17-seitigen Aufsatz verbindet er seine Unterströmungstheorie mit der Konvektionsstromtheorie Robert Schwinner´s (1878–1953) und der Kontinentalverschiebungstheorie Alfred Wegener´s (s. S. 70). Im Grunde hat Ampferer mit dieser Arbeit das Konzept der modernen Plattentektonik bereits erkannt und beschrieben. Er spricht vom *„atlantischen Mittelrücken"*, der durch *„eine genügend starke und länger anhaltende aufsteigende Massenströmung zustande {kommt, die} ... im Laufe der Zeit die Kontinentmasse durchbrechen und auseinandertreiben {kann}"*. Damit beschreibt er nichts anderes als den Prozess der Entstehung eines Riftgrabens beim Zerbrechen eines Kontinents und der nachfolgenden Meeresbodenspreizung („sea floor spreading"). Auch die im modernen plattentektonischen Modell zwingend notwendige Subduktion hat er in dieser Arbeit bereits richtig beschrieben. Die Vulkaninseln des Scotia-Bogens wie auch die karibischen Inseln des Nordantillen-Bogens bezeichnet er als Inselbogen, ganz im Sinne der modernen Plattentektonik. Und er erkannte das Nebeneinander von Vulkaninseln auf der einen Seite, die mit einer vorgelagerten Tiefseerinne einhergehen. Die Tiefseerinnen deutete er richtig als „Verschluckungsrinne", die durch eine „Unterströmung" entstand, womit er auch den Prozess der Subduktion bereits richtig deutete. Möglicherweise ist dieser Arbeit durch die Kriegswirren der folgenden Jahre nicht die Aufmerksamkeit zuteil geworden, die ihr gebührt hätte und die vielleicht zu einer früheren Akzeptanz des plattentektonischen Konzepts geführt hätte. Ampferer bezieht sich in dem Aufsatz ausdrücklich auf die Erkenntnisse der Echolotungen der Deutschen Meteor-Expedition, die in den 50er und 60er Jahren wesentlich zur Ausgestaltung der Ozeanbodenkarte von Marie Tharp (s. S. 82) und Bruce Heezen (1924–1977) beigetragen haben. Und diese Karte verhalf der modernen Plattentektonik schließlich zu ihrem endgültigen Durchbruch.

Neben seiner Tätigkeit als Geologe war Otto Ampferer auch ein begeisterter Bergsteiger. Er führte mehrere Erstbesteigungen durch, darunter eine Reihe von Gipfeln in den Nördlichen Kalkalpen. Am bekanntesten dürfte die Erstbesteigung des Guglia di Brenta (Campanile Basso, Brentagruppe) im August 1899 sein, den er zusammen mit seinen Freunden Wilhelm Hammer und Karl Berger erklomm. Weitere Gipfel, die Ampferer erreichte, waren die Sella-Spitzen in den Dolomiten und der Monte Rosa in der Schweiz. Als Nebenprodukt ließen sich Ampferer und seine Freunde spezielle Schuhe nach ihren Vorstellungen anfertigen, die man möglicherweise als die ersten wirklichen Bergsteigerschuhe bezeichnen könnte. Es bleibt noch zu erwähnen, dass Ampferer ein guter Zeichner war, der sich nicht nur auf geologische Motive beschränkte.

Arthur Holmes

* 14. Januar 1890 in Hebburn-on-Tyne, UK, † 20. September 1965 in London, UK

Arthur Holmes wurde 1890 als Sohn des Möbeltischlers David Holmes und seiner Ehefrau Emily Dickinson, einer Lehrerin, in der kleinen Ortschaft Hebburn-on-Tyne in Northumbria/UK geboren. Seine Schulzeit verbrachte er in Gateshead, wo er sich an der dortigen High School mit den Addresses (Reden) von Lord Kelvin (1824–1907) beschäftigte, die sein Interesse am Alter der Erde weckten. 1907 erhielt er ein Stipendium und begann ein Physikstudium am Royal College of Science (heute Imperial College) in London. In seinem zweiten Jahr begann er mit Kursen in Geologie und beschloss entgegen dem Rat seiner Dozenten Geologe zu werden. 1911 machte er sein Bachelorexamen in Physik und Geologie. 1914 heiratete er Margaret Howe, mit der er zwei Söhne hatte. Margaret Howe starb 1938 an einer Krebserkrankung. 1939 heiratete er die Petrologin Doris J. Reynolds.

Im Anschluss an sein Bachelorexamen 1911 begann Holmes unter der Anleitung von Robert J. Strutt (später der 4. Baron Rayleigh; 1875–1947) mit seinen Untersuchungen zur Radioaktivität von Gesteinen. Sie verwarfen die Ansichten von Lord Kelvin zum Alter der Erde, das dieser auf ein Alter von maximal 40 Millionen Jahren bezifferte. Holmes errechnete anhand seiner neuen Vorstellungen ein deutlich höheres Alter von mindestens 1,6 Milliarden Jahren und entwickelte die erste quantitative geologische Zeitskala. In späteren Jahren revidierte er seine Berechnungen anhand verbesserter Messtechniken und schätzte das Alter der Erde auf mindestens 3 bis 4 Milliarden Jahre. Damit kam er dem heute allgemein anerkannten Alter von 4,57 Milliarden Jahren schon ziemlich nahe. 1910/1911 führte er die erste Uran-Blei-Datierung an einem devonischen Gestein durch, das er auf 370 Millionen Jahre datierte.

1911 ging Holmes als Explorationsgeologe für eine Mineral-Prospektion nach Mozambique. Nach 6 Monaten und keinerlei Funden erkrankte er schwer an Malaria, so dass sogar bereits sein Tod nach Hause telegraphiert wurde. Er erholte sich jedoch von der Krankheit und setzte seine Studien zum Alter der Gesteine fort. 1912 wurde er Assistent am Imperial College in London und baute dort quasi im Alleingang den jungen Wissenschaftszweig der Geochronologie auf. 1913 publizierte Holmes sein Werk „*The Age of the Earth*", das ihm weltweit den Ruf eines Spezialisten für Geochronologie einbrachte. In der wissenschaftlichen Gemeinde trafen die Ansichten Holmes' allerdings auch auf starke Widerstände, so hielt sich nach wie vor die Meinung, dass die Erde jünger als 100 Millionen Jahre alt sein müsse. 1917 erhielt Holmes am Imperial College in London seinen Doktorgrad.

Das Gehalt als Assistent am Imperial College war sehr niedrig und er kam mit seiner Familie damit kaum über die Runden. Deswegen ging Holmes 1920 als Explorationsgeologe einer Ölbohrfirma nach Burma. Die Firma war jedoch nach drei Jahren pleite und konnte ihren Angestellten keine Gehälter mehr zahlen. Hinzu kam, dass sein Sohn während dieser Reise an einer Durchfallerkrankung starb. Holmes kehrte 1922 auf eigene Kosten zurück und eröffnete einen kleinen Laden, mit dem er sich über Wasser halten konnte. 1924, kurz nachdem er Vater eines weiteren Jungen geworden war, konnte er an der University of Durham im Nordosten Englands ein neues Geologie-Department aufbauen. Dort blieb er bis 1942, als er den Ruf auf eine Professur für Geologie an der University of Edinburgh erhielt. In Edinburgh blieb Holmes bis zu seiner Pensionierung 1956.

Schon 1919 entwarf Holmes ein Modell für Konvektionsströmungen im Erdmantel, das er nach seiner Rückkehr aus Burma weiter vertiefte. Durch seine Arbeiten über Radioaktivität, geologische Zeiträume und Gesteinsentstehung hatte er ein tiefes Verständnis über Prozesse im Erdinneren. Nach seinen Modellvorstellungen werden die Kontinente, die auf dem Mantel aufliegen, durch die Konvektionsströmungen in einer extrem langsamen Bewegung transportiert. Ihm war bewusst, dass seine Ideen zu seiner Zeit reine Spekulation waren, obwohl viele seiner Kollegen sahen, dass die geologischen Indizien für die Theorie der Kontinentaldrift sprechen. Sie konnten sie aber nicht akzeptieren, da sie nicht verstanden, wie Kontinente über den Globus wandern können. Holmes nahm an, dass durch Radioaktivität erhitzte und damit leichter werdende Gesteine aus dem Erdinneren an die Oberfläche drängen, während sie an anderen Stellen abkühlen und infolge ihrer Dichtezunahme wieder in den Erdmantel einsinken. Dabei stellte er sich vor, dass die Strömungen ähnlich wie warme Luft in einem Raum zirkulieren. Aufwärtsgerichtete Strömungen können die Erdkruste anheben und sogar zerbrechen. An der Oberfläche kommt es zu seitlichen Ausweichbewegungen und die Kruste wird ähnlich wie auf einem Förderband mitgenommen und über weite Strecken transportiert. An den Stellen, an denen die Konvektion nach unten verläuft, werden die Kontinente zusammengestaucht und es bilden sich Gebirge. Darüber hinaus hatte Holmes erkannt, dass die Konvektionsströmungen einen Mechanismus zum Wärmeaustausch des Erdkörpers darstellen. Es sollte allerdings noch fast 40 Jahre dauern, bis die Beweise für Holmes' fundamentale Theorie, in der er die wesentlichen Prozesse der modernen Plattentektonik bereits vorwegnahm, erbracht wurden. Obwohl seine Theorien über einen langen Zeitraum ignoriert und nicht anerkannt wurden, lehrte er sie über 30 Jahre lang seinen Studenten. Er war als einer der wenigen englischen Geologen mit Ideen im großen Maßstab bekannt. Auch in der Isotopengeochemie hat Holmes mit seinem „Prinzip der initialen Isotopenverhältnisse" bis heute gültige Maßstäbe gesetzt. 1944 publizierte Holmes sein wohl berühmtestes Werk, die „*Principles of Physical Geology*", das auch ein abschließendes Kapitel zur Kontinentaldrifttheorie beinhaltete.

Holmes war mit seinen Ideen seiner Zeit weit voraus und er konnte kurz vor seinem Tod noch mitbekommen, wie seine Theorien durch die neuen Erkenntnisse bestätigt wurden. In der Fachwelt wurde er allerdings ausschließlich für seine Arbeiten zur geologischen Zeitskala mit vielen Preisen geehrt, darunter die Penrose-Medaille der Geological Society of America und die Wollaston-Medaille der Geological Society of London. Die European Union of Geosciences vergibt seit 1983 die Arthur-Holmes-Medaille als eine der höchsten Auszeichnungen.

Alexander Logie du Toit

*** 14. März 1878 in Newlands Kapstadt, Südafrika, † 25. Februar 1948 in Pinelands, Kapstadt, Südafrika**

Alexander Logie du Toit wurde 1878 in Klein Schuur unterhalb des Tafelberges nahe Kapstadt als Sohn von Alexander Logie du Toit und seiner Frau Anna Francis Logie geboren. Seine schulische Ausbildung erhielt er zunächst am Diözesan College in Rondebusch bei Kapstadt und später am South African College (heute University of the Cape of Good Hope) in Kapstadt, wo er mit 17 Jahren seinen Bachelorabschluss mit Auszeichnung erhielt. Danach ging er auf Anraten seines Großvaters, Captain Alexander Logie, an das Royal Technical College in Glasgow, Großbritannien. 1899 erhielt er hier seinen Abschluss in Bergbautechnik. Für eine kurze Zeit studierte er danach Geologie am Royal College of Science in London, kehrte aber schon bald als Dozent an die Universität Glasgow und das Royal Technical College zurück, um dort Geologie, Bergbau und Vermessungswesen zu lehren. Im Jahre 1910, als er schon jahrelang in Südafrika als Geologe tätig war, erlangte Logie du Toit an der University of Glasgow die Doktorwürde.

1903 kehrte Logie du Toit nach Südafrika zurück und arbeitete als Geologe beim Geologischen Dienst in Kapstadt. Im Zuge dieser Tätigkeit fertigte er von 1903 bis 1920 von einem großen Teil der Kapprovinz geologische Karten an. Insgesamt kartierte er ein Gebiet, das etwa einem Drittel der Fläche der Bundesrepublik Deutschland entspricht. Zum Teil gab es nicht einmal topographische Karten als Grundlage, so dass er vor dem Beginn der geologischen Kartierung erst einmal eine topographische Karte herstellen musste. Bei diesen Kartierungen erwarb er ein umfangreiches Wissen über die Geologie des südlichen Afrikas und insbesondere der Karoo-Provinz, die er fast vollständig mit ihren dort vorkommenden doleritischen Intrusionen kartierte. Zahlreiche Publikationen zu diesem Thema zeugen von seinen unermüdlichen Aktivitäten im Gelände, die meisten seiner geologischen Kartierungen sind von ihm auch publiziert worden. Unter anderem veröffentlichte er schon 1909 zusammen mit seinem Kollegen Arthur William Rogers (1872–1946) das Buch „*An introduction to the geology of the Cape Colony*", 1926 folgte eine erweiterte Fassung mit seinem Buch „*The Geology of South Africa*". Neben seinen Ideen ist es die ungeheure Schaffenskraft, die Logie du Toit zu einer Ausnahmeerscheinung in der Reihe der Geowissenschaftler macht.

Logie du Toit beschäftigte sich auch mit der Hydrogeologie. So wurde er 1920 Chefgeologe des Union Irrigation Department, der südafrikanischen Wasserbehörde. 1927 stieg er aus der staatlichen Geologie aus und war bis 1941 beratender Geologe der De Beers Consolidated Mines Limited tätig, die noch heute die größte Diamantförderungs- und handelsgesellschaft der Welt ist.

1923 erhielt Logie du Toit ein Stipendium der Carnegie Institution of Washington, die ihm seine Reisekosten bezahlte. Er gab vor, in Südamerika lediglich umfangreiche geologische Daten sammeln zu wollen. Tatsächlich besuchte er das östliche Südamerika aber fünf Monate lang, um einer Theorie nachzugehen, die in Amerika und dort insbesondere bei den Geophysikern auf strikte Ablehnung stieß. Er wollte in den Gebirgen, die sich an der atlantischen Küste Argentiniens, Paraguays und Brasiliens befinden, vergleichende Studien zu den Gebirgen an der gegenüberliegenden Westküste des südlichen Afrikas durchführen. Er hatte vorausgesagt, dass sich bestimmte Strukturen, die er in Südafrika bei seinen geologischen Kartierungen kennengelernt hatte, ihre Fortsetzung im südamerikanischen Kontinent haben. Wenn er das nachweisen konnte, hatte Logie du Toit ein schwerwiegendes Argument für die gemeinsame Entstehung der Gebirge in der Hand, das ihn weit mehr überzeugte als die bereits seit langem bekannte gute Passform der Kontinentränder. Aufgrund seiner vergleichenden Studien, die ihm genau das erwartete Ergebnis lieferten, wurde er zu einem der frühesten Befürworter der Kontinentaldrifttheorie von Alfred Wegener (s. S. 70). Die Ergebnisse seiner Studien publizierte er 1927 in seinem Werk „*A Geological Comparison of South America with South Africa*". Darin bemerkte er bereits die verblüffende Ähnlichkeit der beiden Kontinente bezogen auf die Strukturen und das Vorkommen bestimmter Gesteine. Seine Ideen trug er später in seiner wohl wichtigsten Publikation, „*Our Wandering Continents; An Hypothesis of Continental Drifting*" (1937), zusammen. Nach seiner Vorstellung war der von Wegener postulierte Großkontinent Pangäa allerdings in zwei Superkontinente aufgespalten, Laurasia im Norden und Gondwanaland im Süden. Logie du Toit forschte nach Wegeners Tod im Jahre 1930 weiter nach Beweisen für die Kontinentaldrift und gehört ohne Zweifel zu den Wegbereitern der späteren Plattentektonik.

Alexander Logie du Toit gilt als der wichtigste Geologe in der Geschichte Südafrikas. Er hat dort die wesentlichen geologischen Kartierungen durchgeführt und hat schon frühzeitig erkannt, dass ein ursächlicher Zusammenhang mit der Geologie Südamerikas existiert. Als sinnvolle, weil erklärende Theorie für seine eigenen Studien sah er die Kontinentaldrifttheorie Wegeners an. Er versuchte, Geologen weltweit von der Möglichkeit der Kontinentaldrift zu überzeugen. Während er in Europa bei einigen wenigen zumindest Aufmerksamkeit erzielen konnte, waren seine Bemühungen in Amerika jedoch ohne Erfolg. Daher ist es umso erstaunlicher, dass der Siegeszug der Kontinentaldrifttheorie oder, wie sie seit 1970 genannt wird, der Theorie der Plattentektonik, von Amerika ausging. Das ist sicher dem Umstand zu verdanken, dass eine neue Generation von jungen Geowissenschaftlern heranwuchs, die sich nicht von den alten Ideen dominieren ließen. Es dauerte aber noch bis in die späten 60er Jahre des letzten Jahrhunderts, bis sich die neue Theorie durchsetzen konnte und allgemein anerkannt wurde, dass Logis du Toit mit seinen Voraussagen richtig lag.

1918 war Logie du Toit Präsident der Geological Society of South Africa. 1933 erhielt er die Murchison-Medaille der Geological Society of London und wurde 1943 zum Mitglied der Royal Society of London ernannt. Auf dem Mars wurde ein Krater nach ihm benannt und in der Antarktis ein Gebirge. Im Alter von fast 70 Jahren starb Alexander Logie du Toit 1948 in Kapstadt an einer Krebserkrankung.

Maurice Ewing

* 12. Mai 1906 in Lockney, Texas, USA, † 4. Mai 1974 in Galveston, Texas, USA

William Maurice Ewing, später genannt „Doc“ Ewing, wurde als viertes von zehn Kindern des Farmers Floyd Ford Ewing und seiner Frau Hope Hamilton Ewing in Lockney, Texas/USA geboren, wo sein Vater ein Geschäft für landwirtschaftliche Geräte betrieb. Da seine drei älteren Geschwister schon in sehr jungen Jahren starben, wuchs er als ältester der verbleibenden sieben Kinder auf. Seinen ersten Vornamen nutzte er selbst nur selten und war deshalb allgemein unter dem Namen Maurice bekannt. Die Schulzeit verbrachte er in Lockney. Im Alter von 16 Jahren erhielt er ein Stipendium für eine Ausbildung am Rice Institute in Houston, Texas/USA (der heutigen Rice University). Nach einer abenteuerlichen Reise nach Houston, während der er mit allerlei widrigen Umständen klarkommen musste, begann er 1922 sein Studium der Elektroingenieurwissenschaft, wechselte aber schon bald zu Physik und Mathematik, das er 1926 mit dem Bachelorgrad und bereits ein Jahr später mit dem Mastertitel abschloss. Seine Dissertation, in der er sich mit der Refraktion seismischer Wellen beschäftigte („*Calculation of Ray Paths from Seismic Travel-Time Curves*“), schloss er 1931 ab. 1928 heiratete Maurice Ewing Avarilla Hildenbrand, mit der er einen Sohn hatte. 1941 ließ er sich von ihr scheiden und heiratete 1944 Margaret Kidder, mit der er vier Kinder hatte. Doch auch diese Ehe scheiterte. Er trennte sich 1965 von ihr und heiratete kurz darauf Harriet Greene Bassett, die seine Sekretärin in Lamont war. 1974 starb Maurice Ewing in Galveston, Texas/USA, an einer schweren Gehirnblutung.

Am Rice Institute wurde Ewing zu einem Wissenschaftler, der immer die einfachen, leicht nachvollziehbaren Argumente vorzog. Er entwickelte leicht zu bedienende, aber sehr effiziente und wirkungsvolle Instrumente. Während der Ferien in Rice arbeitete er u.a. bei einer Ölbohrfirma und kam dadurch erstmalig mit der Unterwasser-Geophysik in Berührung. 1929 übernahm Ewing an der University of Pittsburgh, Pennsylvania/USA, eine Dozentur für Physik, wechselte aber schon ein Jahr später auf eine ähnliche Position an der Lehigh University in Bethlehem, Pennsylvania /USA, wo er bis 1940 blieb. In dieser Zeit widmete er sich vor allem kleineren Projekten der lokalen Industrie, so z.B. der Prospektion von Anthrazit oder der geophysikalischen Lokalisierung eines verschütteten Baggers. Sein Hauptanliegen war jedoch das methodische Verständnis der kleinskaligen Seismologie unter Verwendung explosiver Anregungsquellen.

1934 erhielt Ewing von Richard Montgomery Field (1885–1961), Professor für Geologie an der Princeton University, und William Bowie (1872–1940), dem Chef der Geodäsieabteilung des United States Coast and Geodetic Survey, ein Angebot, das er nicht ausschlagen konnte. Er sollte mit den von ihm entwickelten Methoden marine geologische Forschungen betreiben und die Struktur des Kontinentalschelfes erkunden. Mit zunächst einfachen Mitteln erkundete er in der Folgezeit den Übergang vom Schelf in die Tiefsee und entdeckte dabei mächtige Sedimentablagerungen, die er schon in den 30er Jahren als potentielle Ölspeicher erkannte. Die Industrie hatte allerdings zu der damaligen Zeit noch kein Interesse an einer Erkundung, da es keinen Mangel an Ölvorräten an Land gab. Ewing setzte seine Forschungen aber trotz des mangelnden Interesses fort. Neben seinen seismischen Erkundungen befasste er sich zunehmend mit Gravitationsmessungen, die ihm neue Kenntnisse über die heute bekannten Tiefseerinnen vor Puerto Rico, den Kleinen Antillen und in Indonesien brachten und zu einem seiner Hauptinteressen wurde. Einige dieser Arbeiten brachten ihn mit Harry Hess (s. S. 84) zusammen, der zuvor schon ähnliche Messungen in U-Booten der US-Marine durchgeführt hatte.

Ewing hatte immer wieder neue Ideen, die Methoden zur Erkundung des Ozeanbodens und der Schichten darunter weiterzuentwickeln. So fertigte er Anfang der 40er Jahre erstmals eine Unterwasserkamera an, die in großen Tiefen Fotos machen konnte. Eine überraschende Erkenntnis aus diesen frühen Fotos waren Rippelmarken, die auf Strömungen auch in großer Tiefe hindeuteten. Bis zu diesem Zeitpunkt nahmen die Geologen an, dass Rippelmarken ein Zeichen für eine Ablagerung in flachem Wasser waren. Ewing sah sich mit fundamentalen Fragen konfrontiert, die er mit seinen neuen Methoden lösen wollte. Wie dick ist die Sedimentschicht auf dem Ozeanboden in großen Tiefen? Wie ist das Grundgebirge darunter aufgebaut? In welcher Tiefenlage, so es sie unter dem Ozean überhaupt gibt, liegt die Mohorovičić-Diskontinuität? Eine seiner größten Stärken war seine außerordentliche Kreativität. Er entwickelte oder verbesserte zahlreiche Instrumente und Techniken, um geologische und geophysikalische Daten auf See zu erheben, darunter der Bathythermograph, der Piston Corer (Meeresbodenprobennehmer), Wärmefluss-Messgeräte, das Sonar, Hydrophone, Gravimeter, Tiefseekameras und sogar Seilwinden.

1944 wurde Maurice Ewing zum Associate Professor, später zum Full Professor an der Columbia University, New York/USA, ernannt. 1949 wurde auf seine Anregung hin das Lamont-Doherty Earth Observatory in Palisades in der Nähe von New York gegründet, das heute eines der weltweit führenden marin-geowissenschaftlichen Forschungsinstitute ist. Ewing blieb diesem Institut bis zu seinem Tod 1974 treu. Sein 18 Jahre jüngerer Bruder John I. Ewing (1924–2001) wurde ebenfalls Geophysiker. Mit ihm arbeitete Maurice viele Jahre in Lamont zusammen. 1953 stellte Maurice Ewing das erste Forschungsschiff des Institutes, die Vema, in Dienst, die fortan rund um die Uhr und rund um den Globus wissenschaftliche Untersuchungen durchführte. Eine der ersten und wichtigsten Erkenntnisse war die Feststellung, dass die ozeanische Kruste in allen Ozeanbecken gleich aufgebaut ist, sich aber fundamental von der kontinentalen Kruste unterscheidet. Zusammen mit Bruce Heezen (1924–1977) und Marie Tharp (s. S. 82) deutete er, allerdings nach einigen Jahren des Zweifelns, die weltweit vorkommenden zentralen Grabenstrukturen auf den mittelozeanischen Rücken als Rift-Gräben.

Maurice Ewing wurde neben vielen weiteren Ehrungen mit der William-Bowie-Medaille der American Geophysical Union (AGU) und der Penrose-Medaille der Geological Socicety of America (GSA) ausgezeichnet, den höchsten Auszeichnungen dieser Gesellschaften. Nach ihm ist die Maurice-Ewing-Medaille der AGU benannt. Ein Forschungsschiff, das von 1988 bis 2005 für das Lamont-Doherty Earth Observatory arbeitete, trug seinen Namen.

Marie Tharp

* 30. Juli 1920 in Ypsilanti, Michigan, USA, † 23. August 2006 in Nyack, New York, USA

Marie Tharp wurde 1920 als Tochter von William Edgar Tharp und seiner Frau Berta Louise geboren. Ihr Vater fertigte Bodenklassifikations-Karten für das Landwirtschaftsministerium der Vereinigten Staaten an, ihre Mutter war Lehrerin für Deutsch und Latein. Die Arbeit des Vaters faszinierte und inspirierte sie schon in frühen Jahren. Da ihr Vater wegen seiner Tätigkeit immer wieder mit der Familie umziehen musste, lernte sie zahlreiche Regionen und Landschaften der USA kennenlernen. In Bell Fountain, Ohio/USA, schloss sie ihre Schulausbildung schließlich ab und ging danach an die Universität von Ohio, wo sie 1943 ihre erste Universitätsausbildung mit einem Bachelor-Abschluss mit den Hauptfächern Englisch und Musik beendete. Sie wollte etwas machen, was sie wirklich begeisterte und mit dem sie auch ihren Lebensunterhalt verdienen konnte. Für eine Frau in den 40er Jahren des letzten Jahrhunderts war die Auswahl der möglichen Berufe jedoch auf einige wenige Bereiche beschränkt. Ein Job als Lehrerin, für den sie sich nun qualifiziert hatte, entsprach auf jeden Fall nicht ihren Vorstellungen. Infolge des Krieges öffnete die Universität von Michigan/USA das Studium der Geologie für Frauen und Marie Tharp war eine der ersten, die sich dafür einschrieben. Bereits 1944 erhielt sie ihren Master-Abschluss in Geologie. Bei der Standlind Oil and Gas Company in Tulsa, Oklahoma/USA, begann sie ihren ersten Job. Sie musste aber bald feststellen, dass es Frauen nicht erlaubt war, Geländearbeiten durchzuführen. Da sie sich jedoch nicht für das Auszählen von mikropaläontologischen Proben am Mikroskop und auch nicht für die Präparation von Fossilien am American Museum of Natural History begeistern konnte, machte sie nebenher an der Universität von Tulsa 1948 auch noch einen zweiten Bachelor-Abschluss in Mathematik. Mit diesen Abschlüssen bewarb sie sich schließlich am Lamont Geological Laboratory bei Maurice Ewing um einen Job.

Maurice Ewing war zu seiner Zeit einer der führenden marinen Geowissenschaftler (s. S. 80) und als Geophysiker an der Entwicklung zahlreicher neuer Messgeräte beteiligt. Er stellte Marie Tharp, für die er zunächst gar keine richtige Verwendung hatte, als Zeichnerin am Lamont Geological Laboratory (dem heutigen Lamont-Doherty Earth Observatory) der Columbia University in New York ein, wo sie fortan mit Bruce Heezen (1924–1977) zusammenarbeitete.

Zunächst wertete Marie Tharp zusammen mit Bruce Heezen photographische Daten aus, um ins Meer gestürzte und versunkene Flugzeugwracks aus dem Zweiten Weltkrieg zu lokalisieren. Etwas später begannen sie dann in der Arbeitsgruppe von Maurice Ewing, dem „Doc", mit ihrer systematischen Arbeit an einer Karte der Topographie des Ozeanbodens. Heezen unternahm in den folgenden 18 Jahren zahlreiche wissenschaftliche Expeditionen vor allem mit dem Forschungsschiff „Vema" auf dem er topographische Daten sammelte. Marie Tharp wertete diese Daten zusammen mit allen Daten, die sie bekommen konnte, im Labor in Lamont aus. Sie selbst konnte bis 1965 nicht an einer Forschungsfahrt teilnehmen, da es Frauen noch bis in die 60er Jahre hinein nicht erlaubt war, auf den Schiffen zu arbeiten. Erst im Jahr 1965 konnte sie an ihrer ersten Forschungsreise zur Sammlung weiterer Daten teilnehmen, die Bruce Heezen von der Duke University in Durham, North Carolina/USA, aus organisierte. Maurice Ewing hätte ihr auch zu dieser Zeit noch von Lamont aus nicht erlaubt, an der Schiffsfahrt teilzunehmen.

Für die Erstellung der Karten zeichnete Marie Tharp topographische Profile des Ozeanbodens entlang der Fahrtrouten der Schiffe. In parallel verlaufenden Profillinien erkannte sie schon bald die Ähnlichkeiten und den immer wiederkehrenden zentralen Einschnitt, den sie schon frühzeitig als Riftgraben deutete. Damit stieß sie allerdings sowohl bei Maurice Ewing als auch bei Bruce Heezen auf Ablehnung. Insbesondere Bruce Heezen war von der Expansionstheorie überzeugt und glaubte, dies mithilfe der topographischen Daten belegen zu können. Es sollte viele Jahre dauern, bis auch Ewing und Heezen die Existenz der Riftgräben anerkennen mussten. Zur Zeit der Entdeckung der Riftgräben wurde die Beschäftigung mit dem Gedankengut der Kontinentaldrift-Theorie noch fast als Häresie verurteilt. Erst die in allen Profilen über die mittelozeanischen Rücken immer wiederkehrende Grabenstruktur überzeugte sie schließlich.

Die erste Karte erschien 1959 mit einer Darstellung der Topographie des Nordatlantiks (Heezen et al., 1959). 1961 folgte der Südatlantik und 1964 der Indische Ozean (Heezen & Tharp, 1961, 1964). Die inzwischen berühmte und selbst bei Google-Earth als Hintergrund verwendete „*World Ocean Floor*" Karte wurde 1977 wenige Monate nach dem plötzlichen Tod von Bruce Heezen, der während einer Forschungsfahrt an einem Herzinfarkt starb, veröffentlicht (Heezen & Tharp, 1977).

Harry Hess (s. S. 84) erkannte schon 1957 das wissenschaftliche Potential der Karten. Er kommentierte einen Vortrag von Bruce Heezen in diesem Jahr mit: „*Young man you have shaken the foundations of geology!*". Allerdings gab es bis zur endgültigen Akzeptanz noch viele Hürden zu überwinden. So wollte z.B. Maurice Ewing, der zu Bruce Heezen mehr und mehr in eine rivalisierende Distanz geriet, topographische Daten, die er während seiner Forschungsfahrten gesammelt hatte, nicht herausgeben. Erst nach seinem Weggang nach Texas im Jahr 1975 wurde die Verwendung der Daten möglich und in die Gesamtkarte integriert.

Marie Tharp wird heute von der „Library of Congress" in Washington D.C. zu den vier wichtigsten Kartographen des 20. Jahrhunderts gezählt. In ihren letzten Lebensjahren erhielt sie zahlreiche Ehrungen von der „Geography and Map Division of the Library of Congress" und der „Woods Hole Oceanographic Institution" sowie 2001 den Lamont-Doherty Heritage Award. 2005 wurde unter ihrem Namen das „Marie Tharp Visiting Fellowship" Programm speziell zur Förderung weiblicher Forscher ins Leben gerufen. Marie Tharp starb im August 2006 in Nyack, New York/USA an einem Krebsleiden.

Harry Hammond Hess

* 14. Mai 1906 in New York City, USA, † 25. August 1969 in Woods Hole, Massachusetts, USA

Harry Hammond Hess wurde 1906 als Sohn des Börsenhändlers Julian S. Hess und seiner Frau Elisabeth Engel Hess geboren. Seine schulische Ausbildung erhielt er an der Asbury Park High School in New Jersey/USA. 1923 begann er an der Yale University in New Haven, Connecticut/USA mit einem Studium als Elektroingenieur, wechselte aber nach kurzer Zeit zur Geologie und erhielt in diesem Fach 1927 seinen Bachelorgrad. Im Anschluss daran verbrachte er zwei Jahre im damaligen Rhodesien (heute Zambia) als Explorationsgeologe. 1929 kehrte er in die USA zurück und begann sein Promotionsstudium an der Princeton University in New Jersey/USA, wo er 1932 seinen Doktorgrad (Ph.D.) mit einer mineralogischen Arbeit über einen alterierten Peridotit in Virginia/USA erhielt. 1934 heiratete Harry Hess Annette Burns, die ihn zeitlebens sehr unterstützte und ihn regelmäßig auf Konferenzen und wissenschaftlichen Treffen begleitete. Sie hatten zusammen zwei Söhne. 1969 starb Harry Hess an einer Herzattacke in Woods Hole, USA.

Noch während seiner Promotionszeit hatte er Gelegenheit, mit Felix Andries Vening-Meinesz (1887–1966), einem niederländischen Geophysiker, an einer U-Boot Expedition zur Gravitationsmessung teilzunehmen. Diese Fahrt weckte sein Interesse an der Geologie, Geophysik und Ozeanographie. Nach seiner Promotion lehrte Hess für ein Jahr an der Rutgers University in New Jersey/USA, und verbrachte dann ein weiteres Jahr mit Forschungsarbeiten im Geophysikalischen Labor des Carnegie Institute of Washington. 1934 kehrte er als Professor an die Princeton University zurück, wo er sein gesamtes weiteres wissenschaftliches Arbeitsleben verbrachte. Von 1950 bis 1966 war er Direktor am Department of Geology der Princeton University. Gastprofessuren führten ihn 1949/1950 nach Kapstadt/Südafrika und 1965 an die University of Cambrigde in Großbritannien. In Princeton setzte er seine Arbeiten an Gebirgsketten und Inselbogensystemen fort. 1937 formulierte er bereits eine Hypothese, in der er die Bildung von Inselbögen mit Schwereanomalien und magnetischen Besonderheiten von Serpentinkörpern miteinander in Verbindung brachte. Peridotite, deren Entstehung und Serpentinisierungsprozesse gehörten zu seinen Hauptinteressen.

Unmittelbar nach dem japanischen Angriff auf Pearl Harbour im Dezember 1941 trat Harry Hess, der zu dieser Zeit als Reserveoffizier tätig war, in den aktiven Dienst bei der Navy ein. Zunächst kam er zu einer Aufklärungseinheit für feindliche U-Boote, danach fuhr er aktiv zur See und übernahm schließlich das Kommando eines Truppen-Transportschiffes (USS Cape Johnson). Er nutzte die an Bord befindlichen Messinstrumente zu kontinuierlichen Echolotaufzeichnungen entlang seiner Routen, die ihn durch den Pazifik zu den Marianeninseln, den Philippinen und nach Iwo Jima führten. Diese nebenher genommenen Ozeanbodenprofile mit wertvollen Informationen über die Bathymetrie führten zur Entdeckung der am Top abgeflachten untermeerischen Vulkanbauten, die Hess nach dem Geographen Arnold Henry Guyot (1807–1884) benannte, der als erster Professor an der Princeton University gelehrt hatte (Hess 1946). Guyots spielten bei der Entwicklung der Plattentektonik-Theorie eine wichtige Rolle. Nach dem Krieg blieb Hess als Reserveoffizier in der Naval Reserve und wurde dort zum Konteradmiral befördert.

Harry Hess entwickelte in der Zeit nach dem zweiten Weltkrieg die Idee, durch die dünne ozeanische Kruste in den Mantel hineinzubohren. Das Projekt „Mohole“ wurde bis 1966 von der American Miscellaneous Society (AMSOC) und auch der National Science Foundation (NSF) gefördert. Das Projekt zeigte die Machbarkeit von Bohrungen auf dem offenen Ozean mithilfe eines dynamischen Positionierungssystems. Letztlich erwiesen sich die Vorarbeiten von Hess als außerordentlich wertvoll und es erwuchs daraus das Deep Sea Drilling Project (DSDP) mit seinen bis heute laufenden Nachfolgeprogrammen ODP und IODP.

1960 entwickelte Hess in einem Bericht an das „Office of Naval Research“ das Konzept der Ozeanbodenspreizung, seine größte wissenschaftliche Leistung. Danach entsteht an langgestreckten untermeerischen Rücken, die sich über die gesamten Ozeane der Welt hinweg verfolgen lassen, kontinuierlich neue ozeanische Kruste. Er erkannte darüber hinaus, dass die ozeanische Kruste in den tiefen Ozeanrinnen wieder in den Erdmantel hineingezogen wird. Hess veröffentlichte seinen Bericht 1962 in seinem Werk *„History of Ocean Basins“*, das zu seiner Zeit eines der meistzitierten Werke der Geophysik wurde. Er wusste aber auch, dass die nötigen geophysikalischen Beweise für sein Konzept noch geliefert werden mussten. Das gelang schon ein Jahr später seinen Kollegen Frederick Vine (s. S. 92) und Drummond Matthews (s. S. 90). Das Konzept der Ozeanbodenspreizung verhalf damit der zu dieser Zeit noch vielfach abgelehnten Theorie der Kontinentaldrift von Alfred Wegener (s. S. 70) schließlich zu ihrem Durchbruch und wurde zur Grundlage für die moderne Theorie der Plattentektonik.

1966 erhielt Harry Hess die Penrose-Medaille der Geological Society of America und einen internationalen Antonio-Feltrinelli-Preis. 1969 wurde er zum Ehrendoktor der Yale University ernannt und nach seinem Tod von der National Aeronautics and Space Administration (NASA) für seine besonderen Verdienste posthum ausgezeichnet. Bereits 1952 wurde er Mitglied der National Academy of Sciences, 1960 der American Philosophical Society, 1966 der Accademia dei Lincei und 1968 der American Academy of Arts and Sciences. Ab 1955 war er im Nationalen Forschungsrat der USA und ab 1962 im Rat für Weltraumforschung der National Academy of Sciences tätig. Von 1951 bis 1953 war er Präsident der Sektion Geodäsie der American Geophysical Union (AGU), 1954/55 der Mineralogical Society of America und 1962 Präsident der Geological Society of America.

Nach Harry Hess ist ein Mondkrater benannt. Die US Navy benannte 1977 eines ihrer Vermessungsschiffe, die USNS H. H. Hess nach ihm und die American Geophysical Union vergibt seit 1984 die Harry H. Hess-Medaille für herausragende Leistungen bei der Erforschung der Zusammensetzung und der Evolution der Erde und der Planeten.

MM
2012

John Tuzo Wilson

* 24. Oktober 1908 in Ottawa, Ontario, Kanada, † 15. April 1993 in Toronto, Ontario, Kanada

John Tuzo Wilson wurde 1908 in Ottawa, Ontario, Kanada, als ältester Sohn des schottischen Ingenieurs John Armistead Wilson und seiner Frau Henrietta, geb. Tuzo, geboren. In seiner Familie Jack genannt, zog er später, um Verwechslungen zu vermeiden, den Namen Tuzo vor. Über seinen Vater, der maßgeblich am Aufbau der zivilen Luftfahrt in Kanada beteiligt war, kam Tuzo Wilson frühzeitig in Kontakt mit der Luftfahrt. Während seiner schulischen Ausbildung in Ottawa konnte er als Feldassistent von Noel Odell (1890–1987) bereits mit 17 Jahren erste Erfahrungen auf dem Gebiet der Geologie sammeln.

1926 begann Wilson an der Universität von Toronto mit dem Studium, zunächst Mathematik und Physik, doch wechselte er schon nach einem Jahr zur Geologie. Da es ihm gelang, die Physik mit der Geologie zu kombinieren – er lernte mit Magnetometern und geoelektrischen Feldmessungen umzugehen – konnte er 1930 sein Studium als erster Kanadier mit einem Abschluss als Geophysiker beenden. Mit einem Stipendium setzte er sein geophysikalisches Studium in Cambridge fort. 1933 ging er an die University of Princeton, wo er schon bald mit Maurice Ewing (s. S. 80) und Harry Hess (s. S. 84) zusammentraf. Nach dem Abschluss seines Ph.D.-Examens ging er 1936 für drei Jahre zum Geological Survey of Canada. Sein Einsatz führte ihn in die Umgebung von Quebec und in bis dahin völlig unerforschte Regionen der Northern Territories. Wilson erkannte, dass die Luftfotografie ein wertvolles Hilfsmittel für die geologische Kartierung ist, musste sich aber erst gegen viele Widerstände beim Geological Survey durchsetzen.

1938 heiratete Wilson Isabel Dickinson aus Ottawa, mit der er zwei Töchter hatte. Sie begleitete ihn auch nach England, wohin er 1939 mit den Royal Canadian Engineers infolge des zweiten Weltkrieges kam. Nach der Rückkehr 1944 blieb Wilson noch bis 1946 als Colonel und Direktor der Forschungsabteilung der Armee im Dienst. 1946 erhielt er einen Ruf an die Universität Toronto als erster Professor für Geophysik. Dort baute er die neue Fachrichtung Geophysik auf. Er beschäftigte sich zunächst weiterhin mit der Kartierung von strukturellen Lineamenten des Kanadischen Schildes anhand von Luftfotografien, erkannte aber schnell, dass es unumgänglich ist, die präkambrischen Gesteine zu datieren, weshalb er ein Labor zur radiometrischen Altersdatierung einrichtete. Die Theorie, dass die kristallinen Schilde um kleinere Archaische Kratone herum gewachsen sind, bestätigte sich. Wilson war zu dieser Zeit noch ein Anhänger der Kontraktionshypothese, wonach die Gebirge der Erde durch Schrumpfung entstehen. Zusammen mit dem Mathematiker Adrian E. Scheidegger (1925–2014) veröffentlichte er 1950 eine Arbeit zur Entstehung von Bogenstrukturen und verband dies mit Überlegungen zur Gebirgsbildung (Scheidegger & Wilson, 1950; Wilson 1950). Er war davon überzeugt, dass sich Gebirgsbildungen mit Hilfe der Kontraktionstheorie erklären lassen, weswegen er sich bis 1961 nicht von der Kontinentaldrifthypothese überzeugen ließ. Im ersten Jahrzehnt seiner Professur in Toronto beschäftigte er sich wissenschaftlich vor allem mit dem Alter der Erde und deren früher Entwicklung. Außerdem war er stark in den Aufbau der Geophysik als eigenem Wissenschaftszweig in Kanada involviert und er kümmerte sich um internationale Beziehungen, insbesondere zu China und der damaligen Sowjetunion.

Zu Beginn der 60er Jahre änderte sich seine Einstellung. 1961 kommentierte er das von Robert Dietz (s. S. 88) aufgestellte Modell, in dem das Seafloor Spreading erstmalig umfassend vorgestellt wurde. Und wenig später übertrug er diese Erkenntnis auf kontinentale Krustenblöcke: er erkannte, dass die schottische Great Glen Fault mit der kanadischen Cabot Fault vor der Öffnung des Atlantiks zu einem gemeinsamen Störungssystem gehörten (Wilson, 1962). In der Folgezeit widmete sich Wilson ganz diesen neuen Ideen, wobei er sich zunächst mit dem Alter ozeanischer Inseln beschäftigte. Er erkannte, dass es neben den mittelozeanischen Rückensystemen eine weitere Quelle für Vulkanismus geben musste und schlug als Ursprung für die Vulkane auf Hawaii einen im Erdmantel ortsstabilen Hotspot vor (Wilson, 1963). Dadurch, dass die pazifische Platte über diesen Hotspot hinwegwanderte, entstanden Inseln, die mit zunehmender Entfernung vom Hotspot immer älter werden. Anhand dieser neuen Erkenntnisse war man nun in der Lage, Plattenbewegungsrichtungen und -geschwindigkeiten zu berechnen. Seine wichtigste Arbeit publizierte Wilson 1965. Er zeigte, dass die Störungen, die zwei Segmente der oftmals rechtwinkelig versetzten mittelozeanischen Rücken verbinden, einen völlig neuen, bis dahin unbekannten Typ von Störungen darstellen: die Transform-Störung. Hier wird die divergierende Bewegung eines Spreizungsrückens in die laterale Bewegung an einer Transformstörung umgewandelt. Mit diesen beiden fundamentalen Erkenntnissen, die Entstehung von Inselketten über Hotspots (Hotspot-Spuren) und die Funktionsweise von Transformstörungen, gab Wilson der Theorie der Plattentektonik die entscheidenden Impulse, die schließlich zu ihrer allgemeinen Akzeptanz führten. Schließlich beschäftigte sich Wilson mit dem Entstehen und Vergehen eines Ozeans. Er beschrieb, wie sich ein Ozean öffnet und am Ende auch wieder schließt – ein sich ständig wiederholender Prozess, der heute in der Plattentektonik als Wilson-Zyklus bezeichnet wird.

1967 verließ Wilson seine Professur und übernahm als Gründungspräsident die Leitung des Erindale College in Toronto. Bis zu seinem Ausscheiden 1974 entwickelte er ein sehr erfolgreich arbeitendes Institut, in dem er die Geologie und Geophysik miteinander kombinierte und zu neuen Erkenntnissen führte. Nach seiner Emeritierung wurde er Generaldirektor des Ontario Science Centers, der er bis zu seinem Ruhestand 1985 blieb. Am 15. April 1993 starb Wilson in Toronto an Herzversagen.

Wilson erhielt zahlreiche Auszeichnungen, darunter 1968 die Penrose-Medaille der Geological Society of America und die Walter H. Bucher-Medaille der American Geophysical Union, 1975 die John J. Carty-Medaille der National Academy of Sciences, und 1978 die Wollaston-Medaille der Geological Society of London. Die Canadian Geophysical Union verleiht die nach ihm benannte J. Tuzo Wilson-Medaille, die er 1978 als erster Preisträger selbst verliehen bekam. In der Antarktis und auf dem Boden des Pazifiks wurden einige Berge nach ihm benannt.

MM
2012

Robert Sinclair Dietz

* 14. September 1914 in Westfield, New Jersey, USA, † 19. Mai 1995 in Tempe, Arizona, USA

Robert Sinclair Dietz wurde 1914 in Westfield, New Jersey, USA, als Sohn des Bauingenieurs Louis Dietz und seiner Frau Bertha geboren, die eine strenggläubige Anhängerin der Christian Science Kirche war. Er war das zweitjüngste von insgesamt 7 Kindern. Nach eigenem Bekunden löste er sich schon in jungen Jahren auf der Highschool von jeglichen religiösen Vorstellungen. Er interessierte sich aber sehr für naturwissenschaftliche Zusammenhänge, wobei sein Augenmerk besonders auf der Astronomie und speziell bei Meteoritenkratern auf dem Mond und auf der Erde lag. Schon frühzeitig, noch während seiner Highschool-Zeit starb seine Mutter und nur wenige Jahre später auch sein Vater.

1933 begann Dietz ein Studium der Geologie an der University of Illinois in Chicago. Er war aus seinem Heimatort zur „Chicago World's Fair" getrampt und stellte fest, dass die University of Illinois relativ niedrige Studiengebühren verlangte, weshalb er dort blieb und sein Studium begann. An der University of Illinois erhielt Dietz 1936 seinen Bachelorabschluss, erwarb 1938 den Mastergrad und 1941 den Doktortitel. In seiner Masterarbeit beschäftigte er sich mit submarinen Phosphoriten vor der Küste Kaliforniens. Während seines Studiums wurde er Mitglied im Reserve Officer Training Corps (ROTC) der U.S. Army.

Dietz interessierte sich für Meteoritenstrukturen und wollte die Kentland-Struktur in Indiana, die er später (1947) in einem Science-Artikel erstmalig als Meteoritenkrater beschrieb, zu seinem Dissertationsthema machen. Seine Professoren lehnten dies jedoch ab und drängten ihn zu einem Thema im Bereich der marinen Geologie. Deswegen behandelte er in seiner Dissertation abermals ein Thema zur marinen Geologie, wobei er sich mit den Ablagerungsprozessen von Tiefseetonen auseinandersetzte. Zusammen mit seinem Doktorvater, Francis Parker Shepard (1897–1985), verbrachte Dietz einen guten Teil seines Studiums an der Scripps Institution of Oceanography in San Diego, Kalifornien/USA, weil ihnen dort ein Forschungsschiff für ihre Studien am amerikanischen Kontinentrand zur Verfügung stand. Außerdem arbeitete er zeitweilig an der Smithsonian Institution in Washington D.C., USA.

Direkt nach seinem Doktorexamen bewarb er sich um eine Stelle bei der von der Navy finanzierten Kriegsforschungsabteilung in San Diego. Dies wurde ihm jedoch verwehrt, da er bei der U.S. Army bereits als Reserveoffizier geführt wurde. Im August 1941 wurde er zum Militärdienst eingezogen und absolvierte nach dem Überfall Japans auf Pearl Harbour eine Pilotenausbildung. Als Pilot kam er in eine Fliegerstaffel zur photographischen Kartierung, wobei er die meiste Zeit in Südamerika verbrachte. Auch nach dem Zweiten Weltkrieg blieb er der Army für weitere 15 Jahre als Reserveoffizier treu.

Nach seinem Kriegseinsatz begründete Dietz 1946 in San Diego die Sea-Floor Studies Section innerhalb des U.S. Navy Electronics Laboratory (NEL) und blieb deren Direktor bis 1963. Gleichzeitig war er an der Scripps Institution of Oceanography von 1950 bis 1963 als außerordentlicher Professor tätig. Während dieser Zeit nahm er 1953 ein Fullbright-Stipendium für einen Aufenthalt an der Universität von Tokio, Japan, wahr, bei dem er sich mit der Ozeanbodentopographie des Nordwest-Pazifiks beschäftigte. Dabei kartierte er die sich von Hawaii aus über die Midway-Inseln hinweg ziehende Kette von untermeerischen Bergen und benannte sie als den Emperor Seamount Chain. Schon zu dieser Zeit spekulierte er darüber, dass es etwas geben müsse, was die alten Vulkane wie auf einem Förderband nordwärts transportiert.

Von 1954 bis 1958 arbeitete er am Office of Naval Research (ONR) in London, wo er mit Jaques Piccard (1922–2008) zusammenarbeitete. 1960 tauchte Piccard mit seinem Tiefseetauchboot „Trieste" auf die Rekordtiefe von 10916 m ab und veröffentlichte 1961 zusammen mit Dietz das sehr populär gewordene Buch „*Seven Miles Down: The Story of the Bathyscaph Trieste*". In London intensivierte Dietz seine Studien zur Ozeanbodentopographie und beschäftigte sich auch mit Wegeners Kontinentaldrifttheorie (s. S. 70). Ende der 50er Jahre verdichteten sich die Hinweise, dass der Ozeanboden relativ jung ist im Vergleich zu den Kontinenten und Dietz kannte viele detaillierte Beschreibungen der Ozeanbodentopographie. Aus diesem Wissen entwickelte er zur gleichen Zeit wie Harry Hammond Hess (s. S. 84) jedoch unabhängig von ihm das Konzept der Ozeanbodenspreizung. Die englische Bezeichnung „seafloor spreading" geht auf seine Publikation aus dem Jahre 1961 („*Continent and Ocean Basin Evolution by Spreading of the Sea Floor*", Nature, Bd. 190, S. 854–857) zurück. Dietz wurde mehr und mehr zu einem Befürworter der Kontinentaldrift und veröffentlichte eine Reihe von richtungsweisenden Aufsätzen.

1963 ging Dietz zunächst zum U.S. Coast and Geodetic Survey in Washington, D.C., wechselte dann aber bald nach Miami, wo er bei der National Oceanic and Atmospheric Administration (NOAA) eine ähnliche Forschungsabteilung wie am NEL aufbaute. 1975 zog er sich von NOAA zurück und übernahm Gastprofessuren in Chicago, Washington und St. Louis, bevor er 1977 dauerhaft an die Arizona State University in Tempe wechselte. Dort wurde er 1985 emeritiert, setzte aber seine Forschungen und Publikationen bis zu seinem Tod 1995 fort. Dietz erhielt zahlreiche Ehrungen, darunter 1971 die Bucher-Medaille der American Geophysical Union und 1988 die Penrose-Medaille der Geological Society of America. Ein Berg in der Antarktis, ein Tafelberg im Emperor Seamount Chain und ein Asteroid wurden nach ihm benannt.

Dietz hat auf drei Gebieten der Geowissenschaften wichtige und richtungsweisende Beiträge geleistet: in der marinen Geologie, indem er maßgeblich an der Kartierung und Interpretation der Ozeanbodentopographie mitwirkte und sich dabei u.a. mit der Bedeutung von submarinen Fächern und Canyons auseinandersetzte, in der Astrogeologie, wo er sich mit Impaktstrukturen auf der Erde und auf dem Mond beschäftigte, sowie der Plattentektonik, die er mit seinen Ideen zur Ozeanbodenspreizung entscheidend voranbrachte.

Drummond Hoyle Matthews

* 5. Februar 1931 in St. Marylebone, London, UK, † 20. Juli 1997 in Taunton, UK

Drummond Hoyle Matthews wurde am 5. Februar 1931 in Porlock in England, UK, als Sohn des Rechtsanwaltes Charles Bertram Matthews und seiner Frau Enid Mary Hoyle in St. Marylebone, einem Stadtviertel Londons, geboren. Seine Schulausbildung erhielt er zunächst an der Downs Malvern Schule in Colwall, Herefordshire und später während des Zweiten Weltkrieges an der Bryanston Schule in Dorset, Südwestengland. Den obligatorischen Wehrdienst leistete er bei der Royal Navy ab, bevor er sein Geologiestudium an der University of Cambridge begann. 1955 erhielt er seinen Abschluss in Geologie und Petrologie und arbeitete danach bei dem Vorläufer des British Antarctic Survey, dem Falkland Islands Dependencies Survey in der Antarktis. Anschließend kehrte er an das King´s College nach Cambridge zurück und fertigte dort von 1958 bis 1961 eine Dissertation über Dredge-Proben aus dem Nordatlantik an. Im Anschluss an seine Promotion wurde er Mitarbeiter im Geophysikalischen Labor der Universität Cambridge. 1963 heiratete er Rachel McMullen, mit der er zwei Kinder hatte. Die Ehe wurde 1980 geschieden. 1987 heiratete er Sandie Adam, mit der er bis zu seinem Tod am 20. Juli 1997 zusammenblieb.

Als Mitarbeiter des King´s College unternahm Matthews 1962 eine Forschungsfahrt mit der HMS Owen, bei der er im Golf von Aden und im Indischen Ozean magnetische Anomalien entdeckte. Dabei bediente er selbst die magnetischen Messgeräte, die an 500 m langen Kabeln von Hand ins Wasser gelassen und wieder hereingeholt werden mussten. Im Herbst 1962 kam Frederick Vine (s. S. 92) in seine Arbeitsgruppe, der sich intensiv mit den gesammelten Daten beschäftigte und zusammen mit ihm die Grundlagen für die Interpretation der magnetischen Anomalien erarbeitete. Sie fanden ein Muster von magnetischen Anomalien, die, parallel zum einem submarinen Rücken im nordwestlichen Indischen Ozean, nahezu symmetrisch zu beiden Seiten des Rückens verliefen. Die plausibelste Erklärung für diese Anordnung der Anomalien war die Annahme, dass sich das Erdmagnetfeld wiederholt umgekehrt hat, eine Ansicht, die zu dieser Zeit noch nicht als erwiesen galt, die aber schon diskutiert wurde. Aus diesen Überlegungen heraus veröffentlichten Vine und Matthews 1963 in der Wissenschaftszeitschrift „*Nature*" eine der wichtigsten Arbeiten, die schließlich der Theorie der Plattentektonik zum Durchbruch verhalfen: „*Magnetic anomalies over oceanic ridges*". Matthews war es außerordentlich wichtig, seine meist jüngeren Kollegen und Studenten zu fördern. Er stellte, obwohl er meistens die treibende Kraft bei den Untersuchungen war, immer seine Mitarbeiter und Schüler in den Vordergrund, weswegen er auch in seinen wichtigsten Arbeiten nicht als Erstautor aufgeführt wird.

Das Problem der Kontinentaldrift-Theorie von Alfred Wegener (s. S. 70) war, dass ihr eine Erklärung für den Antrieb der Plattendrift fehlte. In den 50er Jahren erkannte man anhand umfangreicher ozeanographischer Untersuchungen, die u.a. von Marie Tharp (s. S. 82) zur Darstellung der Ozeanböden genutzt wurden, dass es ein global verbundenes System von mittelozeanischen Rücken gibt, an denen man überall einen erhöhten Wärmefluss und verstärkte seismische Aktivität registrierte. Harry Hess (s. S. 84) stellte die Theorie auf, dass hier neue ozeanische Kruste durch das Austreten von Magma aus dem Erdmantel gebildet wird und dass Konvektionsströme innerhalb des Mantels die neu geformte Kruste kontinuierlich vom Rücken wegtransportieren, so dass das ozeanische Becken breiter wird und die Kontinente sich voneinander wegbewegen. Matthews konnte dieser Theorie mit seinen Entdeckungen die notwendigen Argumente liefern.

Nach dem frühzeitigen Tod seines Mentors Maurice Hill (1919–1966) übernahm Matthews die Leitung der geophysikalischen Abteilung in Cambridge. Er nannte die folgende Zeit einmal „*the heroic period of ocean exploration*". In den Jahren von 1967 bis 1972 unternahm er insgesamt 33 Schiffsexpeditionen, von denen fast alle in bis dahin unerforschte Regionen gingen und die viele neue Eigenschaften der Ozeanböden und der Plattengrenzen hervorbrachten. Die verwendeten Messgeräte waren zum großen Teil eigene Entwicklungen, die zu seiner Zeit im Handel nicht erhältlich waren und in den Werkstätten des Geophysiklabors in Cambridge gebaut wurden. Auch in den folgenden zehn Jahren von 1972 bis 1982 verringerte sich die Anzahl der Schiffsexpeditionen nur wenig. Insgesamt wurden 39 weitere Expeditionen durchgeführt. Matthews und seine Crew hatten zu dieser Zeit noch den großen Vorteil, dass sie nahezu unbegrenzt überall marine Forschung betreiben konnten, die Ausweisung der „ausschließlichen Wirtschaftszonen" im internationalen Seerechtsübereinkommen gab es noch nicht, so dass es auch nicht nötig war, Genehmigungen für Untersuchungen außerhalb der 12 Seemeilen-Zone einzuholen. Diese Situation nutzte Matthews zu seinem Vorteil, indem er immer die interessantesten Probleme an den günstigen Lokationen untersuchte. Sein Labor waren zu dieser Zeit die zwei Drittel der Erdoberfläche, die mit Wasser bedeckt sind.

1981 schied Matthews auf eigenen Wunsch aus dem King´s College aus und gründete in Cambridge das British Institutions Reflection Profiling Syndicate (BIRPS), die sich mit seismischen Untersuchungen der kontinentalen Kruste beschäftigen sollte. Er war mit dieser Forschergruppe schon bald sehr erfolgreich und setzte eine Reihe von Standards für die Auswertung tiefenseismischer Daten. Er konnte das von Dan MacKenzie (*1942) postulierte Modell zur Ausdünnung kontinentaler Kruste und der Entwicklung tiefer Sedimentbecken mit seinen Daten untermauern.

Matthews erhielt zahlreiche Ehrungen, einige davon zusammen mit Frederick Vine: 1973 die Chapman-Medaille der Royal Astronomical Society, 1975 den Arthur L. Day-Preis der National Academy of Sciences, 1981 den internationalen Balzan-Preis, 1982 die Hughes-Medaille der Royal Society. Matthews wurde 1974 zum Fellow der Royal Society, 1982 zum Fellow der American Geophysical Union ernannt. Von der Geological Society of London erhielt er 1975 die Bigsby-Medaille und 1989 als höchste Auszeichnung die Wollaston-Medaille. Die Geological Society of America ehrte ihn 1986 mit dem G.P. Woollard Award.

Frederick Vine

* 17. Juni 1939 in Chiswick, London, UK

Frederic John Vine wurde am 17. Juni 1939 als Sohn eines Verwaltungsangestellten in Chiswick, einem Stadtteil Londons geboren. Seine Schulzeit verbrachte er an der Latymer Upper School in Hammersmith, West-London und am St. John`s College in Cambridge, das er 1962 mit einem Bachelor-Abschluss (undergraduate degree) in Naturwissenschaften verließ. Seinen Doktorgrad (Ph.D.) erhielt er 1965 auf dem Gebiet der marinen Geophysik. Bei Drummond Matthews (s. S. 90) fertigte er eine Arbeit über *„Magnetism in the Seafloor"* an. Bereits 1967 wurde Vine Assistant Professor für Geologie und Geophysik an der Princeton University in New Jersey/USA. 1970 zog es ihn als „Reader" an die School of Environmental Sciences an der University of East Anglia in Norwich, UK. 1974 wurde er dort zum Professor ernannt und füllte diesen Posten bis zu seiner Emeritierung aus. Von 1977 bis 1980 und ein zweites Mal von 1993 bis 1998 war er als Dekan tätig. 1998 wurde er emeritiert, blieb aber als Professoral Fellow bis 2008 mit dem Status eines Emeritus weiter tätig.

Als Vine im Herbst 1962 im „Department of Geodesy and Geophysics" in Madingley Rise in Cambridge mit seiner Arbeit begann, war er der erste wissenschaftliche Mitarbeiter von Drummond Matthews, der selbst erst vier Jahre vor ihm dort angefangen hatte. Vine sollte publizierte magnetische Untersuchungen, die von Matthews selbst aber auch anderen durchgeführt worden waren, zusammenstellen. Matthews hatte viele seiner Untersuchungen im Indischen Ozean durchgeführt und dort viele Daten gesammelt. Vine erstellte mithilfe von Kollegen aus dem Imperial College 3D-Computerprogramme, mit denen er die magnetischen Anomalien der ozeanischen Rücken und der angrenzenden Bereiche anhand der Daten berechnen konnte. 1963 veröffentlichte er zusammen mit Matthews in der Zeitschrift „Nature" einen Beitrag darüber (*„Magnetic Anomalies over Ocean Ridges"*), in dem die Drift der Kontinente im Prinzip schon nachgewiesen wurde, obwohl sie es nicht explizit erwähnten. Die beiden Autoren erklärten, dass es an mittelozeanischen Rücken magnetisierte Gesteine gibt, die in einigen Bereichen in ihrer magnetischen Orientierung dem heutigen Magnetfeld der Erde entsprechen, in danebenliegenden Bereichen jedoch genau andersherum orientiert sind. Unter Bezugnahme auf das von Harry Hess (s. S. 84) entwickelte Modell, dass neue ozeanische Kruste als Resultat aufsteigender geschmolzener Gesteine entsteht, nahmen sie an, dass eisenhaltige Minerale in den neu gebildeten Gesteinen in der zur Zeit ihrer Abkühlung herrschenden Richtung des Erdmagnetfeldes magnetisiert werden. Hess hatte als theoretische Möglichkeit die Produktion neuer ozeanischer Lithosphäre an mittelozeanischen Rücken ins Spiel gebracht, die sich dann allmählich von den Rücken wegbewegt – der von ihm so genannte „conveyor-belt" (Förderband). Vine und Matthews konnten zeigen, dass dieser „conveyor-belt" prinzipiell wie ein Magnetband („tape recorder") funktioniert, in dem normale und inverse Magnetisierungen aufgezeichnet werden.

Die Hypothese von Vine und Matthews wurde anfangs nur zögerlich akzeptiert und auch die Autoren selbst waren der Ansicht, dass sie weitere Beweise benötigten. Zwei Jahre nach der Veröffentlichung trafen Tuzo Wilson (s. S. 86), Harry Hess und Frederic Vine in Cambridge zusammen. Wilson, der die Hypothese der Transformstörungen entwickelt hatte, leitete aus seinen Untersuchungen ab, dass es vor der Küste von Oregon und Washington zwischen zwei dort bekannten Störungen einen Rücken geben musste. Vine hatte zufällig genau von dieser Gegend eine Karte und die Daten einer detaillierten magnetischen Vermessung. Anhand dieser Daten war er sich sicher, dass dort ein solcher Rücken existierte. Wilson gab diesem Rücken später den Namen *„Juan de Fuca Ridge"*. Hinzu kam, dass die magnetischen Streifenmuster zu beiden Seiten des Rückens eine nahezu perfekte Symmetrie aufwiesen, wobei die Störungen kleinere Verschiebungen erklärten. Mit diesen Mustern der magnetischen Anomalien und ihrer symmetrischen Anordnung hielten Vine und Matthews nun die nötigen gut nachvollziehbaren Beispiele für die Phänomene in den Händen, die sie in ihrem Paper von 1963 beschrieben hatten. 1965 veröffentlichten Vine und Wilson zwei weitere Paper zu diesem Thema in der Fachzeitschrift *„Science"*.

1966 korrelierte Vine die Breite der einzelnen Streifen der magnetischen Anomalien mit der Zeitskala der magnetischen Umpolungen zwischen normaler und inverser Magnetisierung des Erdmagnetfeldes. Er konnte dabei feststellen, dass sich der Ozeanboden an den Spreizungszentren mit einer konstanten Spreizungsrate voneinander wegbewegt.

Unabhängig von Vine und Matthews entwickelte Lawrence Morley (1920–2013) eine ähnliche Hypothese, die jedoch von zwei Fachjournalen abgelehnt wurde, so dass Vine und Matthews ihr Paper zuerst veröffentlichten. Da auch Morley mit seiner Hypothese richtig lag, wird diese für die Plattentektonik bahnbrechende Erkenntnis heute auch als Vine-Matthews-Morley-Hypothese bezeichnet.

Mit Eldridge M. Moores (1938–2018) veröffentlichte Vine in den Folgejahren Studien zum Ophiolithkomplex in den Troodos-Bergen im südlichen Zypern. Zusammen mit Roy A. Livermore befasste er sich mit der Geschichte des Erdmagnetfeldes (1983/1984) und mit C.D. Lee und R.G. Ross bearbeitete er die elektrische Leitfähigkeit von Gesteinen aus der unteren Erdkruste (1983).

Frederic Vine erhielt zahlreiche Ehrungen. Bereits 1968 wurde ihm die Arthur L. Day-Medaille der Geological Society of America verliehen. 1970 erhielt er die Bigelow-Medaille der Woods Hole Oceanographic Institution, Massachusetts, USA, 1971 die Bigsby-Medaille der Geological Society of London. 1973 kam die Chapman-Medaille der Royal Astronomical Society in London hinzu. 1974 wurde er zum Fellow der Royal Society in London ernannt und erhielt 1982 die Hughes-Medaille. Das Institute of Physics mit Sitz in London, eine weltweit arbeitende Förderorganisation der Wissenschaften, verlieh ihm 1977 die Chree-Medaille und Preis (2008 umbenannt in Appleton-Medaille und Preis). 1981 wurde er als weltweit herausragender Wissenschaftler mit dem Balzan-Preis der internationalen Balzan-Stiftung ausgezeichnet.

W. Jason Morgan

* 10. Oktober 1935 in Savannah, Georgia, USA

William Jason Morgan wurde am 10. Oktober 1935 in Savannah in Georgia, USA geboren. Nach seiner Schulausbildung in Georgia immatrikulierte er sich zunächst am Georgia Institute of Technology für das Fach Maschinenbau, wechselte aber bald darauf in die Physik. 1957 erhielt er in Georgia seinen Bachelor-Abschluss. Im Anschluss daran ging er für zwei Jahre zur U.S. Navy. Danach wechselte er an die Princeton University in Princeton, New Jersey, wo er 1964 bei dem Physiker Robert Henry Dicke (1916–1997) über die Fluktuation von Gravitationswellen promovierte. Unmittelbar nach Abschluss seiner Promotion wurde er von 1964 bis 1967 wissenschaftlicher Mitarbeiter in der Abteilung für Geophysik in Princeton, wo man ihn 1967 zum Assistant Professor an der geologischen Fakultät ernannte. 1988 wurde Morgan zum Knox-Taylor Professor für Geographie an der Princeton University ernannt. Die Professur behielt er neben einer weiteren Professur für Geophysik ebenfalls in Princeton bis zu seiner Emeritierung im Jahre 2004. Jason Morgan heiratete Carolyn („Cary") Goldschmidt, mit der er zwei Kinder hat. Sein Sohn Jason Phipps Morgan ist sehr erfolgreich in die Fußstapfen seines Vaters getreten und ist heute als Professor für Geophysik an der Cornell University in Ithaca, New York, tätig.

Jason Morgan beschäftigte sich zunächst mit Gravitationsanomalien im Puerto-Rico-Trench und hatte das große Glück, mit Frederick Vine (s. S. 92) in einem Büro zusammenzuarbeiten. Vine, der zusammen mit Drummond Matthews (s. S. 90) aus Cambridge die bilaterale Symmetrie des auseinanderdriftenden Ozeanbodens (das Konzept des Seafloor Spreading) entdeckt hatte, brachte Morgan dazu, sich mit dem aufstrebenden Thema der Plattentektonik zu beschäftigen.

Morgan beobachtete schon während seiner Zeit in der Navy Strukturen auf dem Ozeanboden, die er nach dem Studium einer Publikation von Henry W. Menard (1920–1986), einem Vorreiter der plattentektonischen Theorie, mit Hilfe seiner mathematischen Fähigkeiten richtig einordnen konnte. Zu dieser Zeit ging man davon aus, dass die Erdkruste generell und überall internen Deformationen ausgesetzt war. Bewegungen einzelner Platten untereinander waren jedoch noch gänzlich unbekannt und niemand hatte eine Vorstellung davon, wie große, sich oft über 1000 km hinziehende Störungssysteme wie z.B. die San-Andreas-Störung, schlüssig erklärt werden können. Die heute selbstverständlichen Grundprinzipien der Plattentektonik waren noch unbekannt. Morgan erkannte, dass die Erdkruste aus steifen Platten unterschiedlicher Größe besteht, die sich relativ zueinander bewegen. Er unterschied eine Anzahl von etwa 20 Platten, die sich auf der Kugeloberfläche gegeneinander bewegen. Mit der mathematischen Konstruktion von Rotationspolen und geometrischen Zusammenhängen auf der Kugeloberfläche gelang es ihm, die tektonischen Bewegungen der Platten zu berechnen. Unter der Annahme, dass Hotspots ortsfest sind und sich die Platten darüber hinwegbewegen, errechnete er die absoluten Bewegungsgeschwindigkeiten der Platten. Für seine Berechnungen nutzte er Erdbebendaten, Bewegungsrichtungen an Transformstörungen sowie die symmetrischen magnetischen Anomaliemuster auf dem Ozeanboden. Bei der Konferenz der American Geophysical Union im Jahre 1967 hielt er statt eines angekündigten Vortrages über den Puerto Rico Trench kurzerhand einen Vortrag über „*Rises, Trenches, Great Faults and Crustal blocks*" und begründete damit die Grundlage der Plattentektonik. Er identifizierte drei fundamentale Typen von Plattengrenzen, die mittelozeanischen Rücken, die Subduktionszonen und die Transformstörungen. Viele Jahre später wurden die von Morgan vorausgesagten Plattenbewegungen mit Hilfe der GPS-Technologie nachgewiesen. 1968 publizierte Morgan seine im Vortrag ausgeführte plattentektonische Theorie, das als eines der ersten umfassenden Werke die Erkenntnisse zur Plattenbewegung und deren Auswirkungen in einem allgemeingültigen Konzept zusammenfasste.

Seit 1971 beschäftigte sich Jason Morgan zunehmend mit der Theorie der Hotspots. Ein von John Tuzo Wilson (s. S. 86) erstmalig aufgestelltes Modell beschreibt konvektiv aufsteigende Ströme, die in zylindrischen, röhrenförmigen Strukturen aufsteigen und an der Oberfläche als Hotspots sichtbar werden. Morgan entwickelte dieses Modell weiter, das er zunächst auf Hawaii, später auch auf andere Hotspots übertrug, und erklärte damit das mit wachsendem Abstand vom heutigen Hotspot zunehmende Alter der Seamounts der Hawaii-Emperor-Kette. Er nahm an, dass Hotspots im tiefen Erdmantel generiert werden und dass sie im Gegensatz zu der sich über sie hinwegbewegenden Platte als ortsfest zu betrachten sind. Beide Modellvorstellungen werden heute kontrovers diskutiert, da weder der Ursprung im tiefen Mantel noch ihre fixierte Position über geologische Zeiträume hinweg als in jedem Falle gültig angesehen werden können.

Jason Morgan erhielt für seine bahnbrechenden Arbeiten zur Plattentektonik zahlreiche Auszeichnungen bis hin zur National Medal of Science der USA, die ihm 2002 der amerikanische Präsident (George W. Bush) verlieh. Von der American Geophysical Union (AGU) erhielt er 1973 den Walter-Bucher-Award, von der European Geosciences Union (EGU) 1983 die Alfred-Wegener-Medaille und von der New York Academy of Science den Award in Physical and Mathematical Sciences. 1986 folgte der Leon-Lutaud-Preis der Französischen Académie des Sciences, 1987 der Maurice-Ewing-Award der American Geophysical Union (AGU). 1990 zeichnete ihn die Science and Technology Foundation of Japan mit dem Japan-Preis aus, 1994 erhielt er die Wollaston-Medaille der Geological Society of London sowie 2000 den Vetlesen-Preis der Columbia University in New York. 1982 wurde er in die National Academy of Sciences gewählt und 2001 zum Mitglied der American Academy of Arts and Sciences ernannt. 1987 erhielt er die Ehrendoktorwürde der Harvard University. Direkt nach seiner Emeritierung verbrachte er ein halbes Jahr in Deutschland mit Hilfe eines Senior Fellowships der Alexander-von-Humboldt-Stiftung, das ihm 2003 zugesprochen wurde. Er lebt heute in der Nähe von Boston und ist weiterhin als Geowissenschaftler aktiv.

John Frederick Dewey

* 22. Mai 1937 in London, UK

John Frederick Dewey wurde 1937 in London geboren. Nach der Primary School erhielt er seine schulische Ausbildung an der Bancroft´s School in London von 1948 bis 1955. Danach wechselte er an das Queen Mary College der University of London, wo er 1958 den Bachelorgrad im Fach Geologie erhielt. Es folgte ein zweijähriges Promotionsstudium am Imperial College der University of London, das er 1960 mit dem Ph.D. in Geologie abschloss. In seiner Doktorarbeit untersuchte er ordovizische und silurische Gesteine im westlichen Irland. 1961 heiratete er Frances Mary (Molly) Dewey, geb. Blackhurst, mit der er zwei Kinder hat.

Nach dem Abschluss seiner Promotion lehrte er zunächst als Assistent, dann als Dozent an den Universitäten Manchester (1960–1964) und Cambridge (1964–1970). Es folgte für ein Jahr eine Dozentur an der Memorial University of Newfoundland in St. John's, Kanada, bevor er 1971 als Professor für Geologie an die University at Albany, State University of New York, USA, berufen wurde. 1982 kehrte er nach England zurück und übernahm den Lehrstuhl für Geologie an der University of Durham. 1986 folgte er einem Ruf an die University of Oxford, an der er bis 2001 verweilte. Er kündigte dort auf eigenen Wunsch, um sich neuen Herausforderungen stellen zu können, die ihm nach eigener Einschätzung in Oxford nicht gelingen würden. In der streng klassenbasierten akademischen Gesellschaft Großbritanniens fühlte er sich eingeengt. Deswegen ging er 2001 an die University of California in Davis, USA, wo er bis 2007 als Professor tätig war. Seit seiner Emeritierung im Jahre 2007 ist er bis heute als Lehrer, Berater oder Vortragsredner tätig.

Dewey ist sicher einer der meistgeehrten Geowissenschaftler unserer Zeit. Neben zahlreichen Mitgliedschaften und Ehrenmitgliedschaften in wissenschaftlichen Gesellschaften (u.a. Fellow oft the Royal Society in London, 1985, und Ehrenmitglied der European Geosciences Union, 2004) erhielt er eine ganze Reihe von Medaillen und Preisen: A. Cressy Morrison-Preis der New York Academy of Science (1976), Bruce Preller-Preis der Royal Society of Edinburgh (1979), T.N. George-Medaille der Geological Society of Glasgow (1983), Lyell-Medaille der Geological Society of London (1983), Penrose-Medaille der Geological Society of America (1992), Arthur Holmes-Medaille der European Union of Geosciences (1993), Wollaston-Medaille der Geological Society of London (1999), Paul Fourmarier-Preis und Medaille der Académie Royale de Belgique (1999). Er war und ist in ungezählten wissenschaftlichen Zeitschriften als Editor und Mitglied des Editorial Board tätig und hat in nahezu allen Fachzeitschriften, die sich intensiv auch mit tektonischen und geodynamischen Themen und der Strukturgeologie beschäftigen, mitgewirkt (Geology, Geological Society of America Bulletin, Journal of Geology, Tectonophysics, Structural Geology, Geological Journal, und verschiedene andere). Er begründete darüber hinaus die heute hochangesehene Fachzeitschrift „Tectonics" (1981) und war deren Chief-Editor bis 1984.

Als die Theorie der Plattentektonik Ende der 60er Jahre allmählich von den Geowissenschaftlern registriert und schließlich auch akzeptiert wurde, gab es nur wenige, die sich trauten, bestehende geologische Daten aus Orogenen zu reinterpretieren. John Frederick Dewey war einer der ersten, der dieses neue Konzept der Plattentektonik folgerichtig auf alte Orogene übertrug. Er brachte seine Erfahrungen aus Irland mit und wandte die neuen Ideen, die sich an rezent aktiven Störungszonen, Subduktionszonen und mittelozeanischen Rücken orientierten, konsequent auf alte Strukturen an. Er erkannte, dass die Strukturen, die er in den Appalachen untersuchte, ihre Fortsetzung auf der anderen Seite des Atlantischen Ozeans in den Kaledoniden Schottlands haben. 1969 veröffentlichte er in der Fachzeitschrift Nature seine richtungsweisende Arbeit „*The evolution of the Appalachian/ Caledonian orogen*", in der er ein neues Modell für die Entwicklung dieses Orogens im Sinne der Plattentektonik entwarf. Es folgten weitere wichtige Publikationen, viele davon zusammen mit John M. Bird (*1931), die sich sowohl mit den Appalachen in Neufundland als auch mit den Schottischen Kaledoniden auf der anderen Seite des Atlantiks beschäftigten. Die heutige allgemein gebräuchliche Bezeichnung „Plattentektonik" für die Theorie der beweglichen Lithosphärenplatten wurde 1969 von Dewey und Bird eingeführt. Mit Kevin Burke (1929–2018) zusammen veröffentlichte er eine Reihe von wissenschaftlichen Beiträgen zur Entwicklung der weltweit wichtigsten Orogene, alle interpretiert im Sinne der modernen Plattentektonik.

Später beschäftigte sich Dewey auch mit der orogenen Entwicklung jüngerer Gebirge wie des Himalaya, der Alpen und der Anden, in denen die Gebirgsbildungsprozesse noch nicht beendet sind. Er erkannte, dass die kontinentalen Platten im Gegensatz zu den ozeanischen nicht subduziert wurden. Im Gegenteil, sie wurden ineinander und übereinander geschoben und bildeten so neue Gebirge, die dann wieder der Erosion unterlagen. Er machte sich Gedanken zur Geschwindigkeit von Gebirgsbildungsprozessen und war selbst erstaunt, als er zu dem Schluss kam, dass es wohl erheblich schneller geht, als man allgemein bis dahin annahm. Anstatt mit einer Zeitdauer von um die 50 Millionen Jahre rechnete er nun mit einer Zeitspanne von 10 bis 12 Millionen Jahren, womit er abermals ein neues Konzept in die Geologie einführte.

John Dewey ist kein Freund der nummerischen Modellierung. Für ihn liefern geologische Karten und Feldstudien die essentiellen Daten für geologische Aussagen. Er kritisiert die Modellierer häufig für ihre Pseudo-Präzision und die zu stark simplifizierten physikalischen Modelle. Alle Modelle müssen zuallererst den geologischen Gegebenheiten entsprechen, sonst sind sie unbrauchbar. Dennoch hat er immer propagiert, über den detaillierten Studien von Gesteinen bis hinein in den mikroskopischen Maßstab den Blick auf das Ganze nicht zu verlieren. Er hat das Gesamtbild als Ziel vor Augen und gehört sicher zu den wenigen, denen es gelungen ist, durch seine Synthese aus Feldbeobachtungen und Modellvorstellungen eine ganze Generation von Geowissenschaftlern nachhaltig beeinflusst zu haben.

Eugen Seibold

* 11. Mai 1918 in Stuttgart, † 23. Oktober 2013 in Freiburg

Eugen Seibold wurde am 11. Mai 1918 in Stuttgart als Sohn eines Schreiners geboren. In Stuttgart besuchte er die Volks- und Oberschule und legte dort 1937 das Abitur ab. Er begann zunächst in Esslingen mit einem Studium an der Hochschule für Lehrerbildung und wechselte später nach Tübingen, um dort Geographie, Geologie und Paläontologie zu studieren. Von 1939 bis 1945 folgte eine Unterbrechung wegen des Kriegsdienstes. Von 1945 bis 1948 studierte er an den Universitäten Bonn, wo er u.a. mit Hans Cloos (s. S. 60) in Kontakt kam, und Tübingen. 1948 promovierte Eugen Seibold an der Eberhard-Karls-Universität Tübingen zum Dr. rer. nat. mit einer Arbeit über den Bau des Deckgebirges im oberen Rems-Kocher-Jagst-Gebiet. 1949 legte er zusätzlich das Staatsexamen für das Höhere Lehramt ab. Von 1948 bis 1951 war er Assistent für Geologie und Paläontologie an der Universität Tübingen, wo 1951 die Habilitation in diesen Fächern erfolgte. 1952 heiratete er Dr. Ilse Usbeck (1925–2021), mit der er eine Tochter hatte.

Nach seiner Habilitation war Eugen Seibold als Privatdozent für Geologie und Paläontologie an der Technischen Hochschule Fridericiana in Karlsruhe. 1953 erhielt er den Ruf auf eine außerordentliche Professur für Geologie an der Universität Tübingen. 1958 folgte der Ruf auf eine ordentliche Professur für Geologie und Paläontologie am Geologisch-Paläontologischen Institut und Museum der Christian-Albrechts-Universität zu Kiel. Von 1963 bis 1964 stand er der Mathematisch-Naturwissenschaftlichen Fakultät der Universität Kiel als Dekan vor. Rufe nach Erlangen 1962 und Bonn 1969 sowie ein Angebot, die Bundesanstalt für Geowissenschaften und Rohstoffe als Präsident zu leiten, lehnte er ab und blieb bis zu seiner Emeritierung 1984 Professor in Kiel.

In Kiel beschäftigte sich Eugen Seibold vorwiegend mit der Meeresgeologie, der er in Deutschland maßgeblich zu seiner heutigen weltweit beachteten Bedeutung verhalf. Eugen Seibold war der Begründer der modernen marinen Geowissenschaften an der Christian-Albrechts-Universität in Kiel und wird als der Nestor der deutschen meeresgeologischen Forschung bezeichnet. Unter seiner Leitung erlangte das Kieler Institut, das an vielen Orten der Erde an meeresgeologischen Projekten beteiligt war, internationales Renommee. Seibold selbst nahm an Schiffsexpeditionen in der Nord- und Ostsee, im Indischen und Atlantischen Ozean und im Persischen Golf teil, wo er sich fächerübergreifend mit sedimentologischen, geochemischen, hydrogeologischen, tektonischen und mikropaläontologischen Fragestellungen beschäftigte. Zwischen 1965 und 1975 nahm er an insgesamt sieben Expeditionen mit den Forschungsschiffen *Meteor*, *Valdivia*, *Sonne* und dem Bohrschiff *Glomar Challenger* des internationalen Deep Sea Drilling Projects (DSDP) teil. Richtungsweisend waren die Ergebnisse der Expedition mit der *Glomar Challenger*, die ihn 1968 in den Südatlantik führte und bei der Bohrkerne gewonnen wurden, die wichtige Beweise für die damals gerade erst neu eingeführte Theorie der Plattentektonik erbrachte. Mithilfe der erbohrten Gesteine konnte anhand ihrer Altersbestimmung die Ausdehnung des Meeresbodens ausgehend von der Spreizungszone am Mittelatlantischen Rücken nachgewiesen werden.

Eugen Seibold hat maßgeblich dazu beigetragen, dass das DSDP-Projekt 1983 durch das technisch deutlich besser ausgestattete ODP-Projekt (Ocean Drilling Project) mit dem Bohrschiff *Joides Resolution* ersetzt wurde. Mittlerweile ist das ODP-Projekt im IODP (International Ocean Discovery Program) aufgegangen.

Von 1980 an war Eugen Seibold hauptsächlich als Wissenschaftsmanager tätig. Von 1980 bis 1985 war er Präsident der Deutschen Forschungsgemeinschaft. Gleichzeitig stand er der International Union of Geosciences (1980–1984) vor und war Vizepräsident der Alexander von Humboldt Stiftung (1980–1983) sowie Vizepräsident und Präsident der European Science Foundation (1984–1990). Als Mitglied der Deutschen Akademie der Naturforscher Leopoldina in Halle und der Akademie der Wissenschaften und der Literatur in Mainz sowie als Mitglied zahlreicher Gremien und Beiräte war er zweifellos einer der einflussreichsten Geowissenschaftler der Nachkriegszeit in Deutschland, der auch international ein hohes Ansehen genoss.

Sein Ansehen zeigt sich in den zahllosen Ehrungen, die er im Laufe seiner Karriere erfuhr. 1983 wurde ihm das Große Bundesverdienstkreuz der Bundesrepublik Deutschland verliehen. 1984 erhielt er das Offizierskreuz der Légion d'Honneur in Frankreich. 1985 wurde ihm das Große Bundesverdienstkreuz mit Stern verliehen, im gleichen Jahr erhielt er die Gustav-Steinmann-Medaille der damaligen Geologischen Vereinigung (GV) und ein Jahr später die Hans-Stille-Medaille der damaligen Deutschen Geologischen Gesellschaft (DGG; DGG und GV sind heute in der DGGV vereint). Die Universitäten von Norwich, UK, und Paris, Frankreich, verliehen ihm die Ehrendoktorwürde. 1985 wurde er an der Universität Tongji, Shanghai, China, sowie an der Albert-Ludwigs-Universität in Freiburg zum Honorarprofessor ernannt. Gemeinsam mit dem amerikanischen Umweltschützer Lester Brown wurde Eugen Seibold 1994 von der japanischen Asahi Glass-Stiftung mit dem Blue Planet Prize, dem weltweit höchstdotierten Umweltpreis, ausgezeichnet. Von dem Preisgeld stiftete er gemeinsam mit seiner Frau Dr. Ilse Seibold der DFG den Grundstock eines Fonds, aus dem alle zwei Jahre der Eugen und Ilse Seibold-Preis zur Förderung der Wissenschaft und zur Verständigung zwischen Deutschland und Japan verliehen wird. 2003 erhielt er die Walter-Kertz-Medaille der Deutschen Geophysikalischen Gesellschaft (DGG), 2008 die Leopold-von-Buch-Plakette der damaligen Deutschen Gesellschaft für Geowissenschaften (DGG, heute DGGV) und 2011 die Verdienstmedaille der International Union of Geosciences (IUGS). Seit 2017 verleiht die DGGV die Eugen-Seibold-Medaille für herausragende wissenschaftliche Einzelleistungen.

In den letzten beiden Jahrzehnten seines Lebens, die er bis zu seinem Tod in den Dienst der Wissenschaft stellte, betreute Eugen Seibold zusammen mit seiner Frau das Freiburger Geologenarchiv. Aus dieser Zeit stammen auch einige Bücher, die sich mit der Verantwortlichkeit und den Wechselbeziehungen zwischen Geowissenschaften und Umwelt beschäftigen. Eugen Seibold starb am 23. Oktober 2013 im hohen Alter von 95 Jahren.

Henry Fairfield Osborn

* 8. August 1857 in Fairfield, Connecticut, USA, † 6. November 1935 in Garrison-on-Hudson, New York, USA

Henry Fairfield Osborn wurde am 8. August 1857 als Sohn des bekannten Eisenbahn-Magnaten William Henry Osborn und seiner Ehefrau Virginia Reed Osborn, geb. Sturges, in Fairfield, Connecticut, USA, geboren. Seine Mutter war eine strenggläubige Christin, die ihn stark beeinflussen sollte und deren Lehren er in seine Theorien zur Entwicklung der Säugetiere im Allgemeinen und zur menschlichen Entwicklung einbaute.

1873 begann Osborn sein Studium an der Princeton University in Princeton, New Jersey, das er 1877 mit dem B.A. Examen in Geologie und Archäologie abschloss. Sein Mentor war hier der Paläontologe Edward Drinker Cope (1840–1897). Danach nahm er an einem Spezialkurs in Anatomie am „College of Physicians and Surgeons" der Columbia University in New York sowie an der "Bellevue Medical School of New York" unter William Henry Welch (1850–1934) teil und ging dann an die Cambridge University in Cambridge, England, um sich dort mit der Embryologie und der vergleichenden Anatomie u.a. bei Thomas Henry Huxley (1825–1895) zu befassen. Während dieser Zeit traf er auch mit Charles Darwin (s. S. 22) zusammen. 1880 erhielt er seinen Doktortitel an der Princeton University in Paläontologie und wurde dort im gleichen Jahr zum Lecturer und 1883 zum Professor für vergleichende Anatomie ernannt. 1891 wechselte Osborn an die Columbia University in New York, wo er zunächst Professor für Biologie wurde. Von 1892 bis 1895 wirkte er als Dekan der Faculty of Pure Science. 1896 übernahm er an der gleichen Universität die Professur für Zoologie. Gleichzeitig wurde er am American Museum of Natural History (AMNH) in New York zum Kurator der neugebildeten Abteilung für Vertebraten-Paläontologie ernannt. In seiner Funktion als Kurator stellte er ein bemerkenswertes Team aus Fossiljägern und Präparatoren zusammen, darunter Roy Chapman Andrews (1884–1960), der als einer der Charaktere gilt, die sich in der Filmfigur des „Indiana Jones" wiederfinden lassen. 1897 wurde er zum Mitglied des einflussreichen „Boone and Crockett Clubs" gewählt, einer u.a. von Theodore Roosevelt (1858–1919) gegründeten Tierschutzorganisation. Aufgrund seiner Herkunft aus einem sehr wohlhabenden Hause und seiner weitreichenden persönlichen Verbindungen wurde er 1908 zum Direktor des AMNH ernannt und behielt diesen Posten bis zu seiner Emeritierung 1933. In dieser Zeit stellte er am AMNH eine der größten und umfangreichsten Fossiliensammlungen der Welt zusammen. Von 1909 bis 1924 war er als Präsident der New York Zoological Society tätig. Osborn starb am 6. November 1935 in Garrison-on-Hudson, New York, USA.

1877 begann Osborn seine rege Expeditionstätigkeit, die ihn an die verschiedensten Orte führen sollte. Die ersten Reisen gingen nach Colorado und Wyoming, wo er sich vor allem mit Knochenfunden von Dinosauriern auseinandersetzte. Er untersuchte u.a. das Gehirnvolumen der Saurier, indem er die fossilen Schädel mit einer Diamantsäge zerteilte und das Volumen der Hohlräume bestimmte. 1903 beschrieb und benannte er als erster die Gattung *Ornitholestes* und 1905 den wohl berühmtesten aller Saurier, den *Tyrannosaurus rex*. 1923 folgten die Gattungen *Pentaceratops* und 1924 *Velociraptor*. 1910 befasste er sich in einem ersten größeren Werk, „*The Age of Mammals in Europe, Asia and North America*", 1917 gefolgt von „*The Origin and Evolution of Life*" mit Fragen zur Evolution der Wirbeltiere. 1936 veröffentlichte er sein heute bekanntestes Werk, die zweibändige Abhandlung über „*Proboscidea: A Monograph of the Discovery, Evolution, Migration and Extinction of the Mastodonts and Elephants of the World*". Darin beschrieb er die Entwicklung der damals bekannten Rüsseltiere (Proboscidea, Elefanten und weitere Verwandte). In seinen Ausführungen legte Osborn seine Ansicht dar, dass Mutationen und natürliche Auslese keine wesentliche Rolle in der Evolution spielten. Er war ein Verfechter der Orthogenese, die besagt, dass erlernte Verhaltensweisen mit dem Erbgut weitergegeben werden können (auch als Baldwin-Effekt bezeichnet).

Osborn stieß mit seinen Theorien nicht überall auf Zustimmung. Seine Ansichten zur Entwicklungsgeschichte des Menschen waren von seiner strengen religiösen Ausrichtung geprägt. Er entwickelte seine eigene Theorie, die „Dawn-Man-Theory" (Mensch der Morgendämmerung oder der Frühzeit), in der er sich vor allem auf den sog. Piltdown-Menschen bezog, der sich später als Fälschung herausstellen sollte. Seiner Theorie zufolge lebten die frühesten Vorläufer des Menschen bereits im Oligozän und Miozän und waren damit erheblich älter als die zur gleichen Zeit entdeckten Funde in Ostafrika. Auch siedelte er die Wiege der Menschheit in Asien und nicht in Afrika an. Vor allem aber nahm er an, dass die menschliche Entwicklung immer parallel zur Entwicklung der Affen verlief und dass es in erster Linie eine Frage der Gehirnentwicklung war. Er lieferte auf diese Weise den Kreationisten eine akzeptable Theorie, bei der der Mensch von vornherein als ein Mensch geschaffen wurde. Seine zahlreichen Veröffentlichungen zur Entwicklungsgeschichte des Menschen haben heute nur noch wissenschaftsgeschichtliche Bedeutung, die Theorie ist längst widerlegt. Er wollte sich offenbar aus ideologischen Gründen nicht darauf einlassen, dass der Mensch von einem affenähnlichen, primitiveren Lebewesen abstammen könnte. Hierin spiegeln sich auch seine durchaus rassistischen Ansichten wider, die dem Ansehen Osborns geschadet haben. Sein großes Verdienst war, die paläontologische Wissenschaft im Museum publikumswirksam darzustellen und einer breiten Bevölkerung nahezubringen.

Schon 1901 wurde Osborn in die American Academy of Arts and Sciences gewählt. 1910 nahm ihn die Bayerische Akademie der Wissenschaften als korrespondierendes Mitglied auf, 1923 folgte die Russische Akademie der Wissenschaften. 1912 wurde er Ehrenmitglied der Paläontologischen Gesellschaft. 1918 erhielt er von der Royal Society in London die Darwin-Medaille und 1926 wurde er als auswärtiges Mitglied („Foreign Member") in diese Wissensgesellschaft der Royal Society gewählt. 1921 erhielt er die Medaille des Pasteur-Institutes in Paris und 1926 wurde ihm die Wollaston-Medaille der Geological Society of London verliehen. Die National Academy of Sciences zeichnete ihn 1929 mit der Daniel Giraud Elliot-Medaille aus.

Arnold Bouma

* 5. September 1932 in Groningen, Niederlande, † 16. Dezember 2011 in Frisco, Texas, USA

Arnold Bouma wurde 1932 in Groningen in den Niederlanden geboren. Von 1944 bis 1951 ging er dort zur Rijks Hogere Burgerschool (R.H.B.S.), wo er die Hochschulreife erlangte. Von 1951 bis 1956 studierte er an der Rijksuniversiteit Groningen Geologie mit dem Grad eines Bachelors als Abschluss. Es folgte ein Masterstudium in Geologie, Sedimentologie und Paläontologie an der Universiteit Utrecht/Niederlande, das er 1959 mit dem Mastergrad beendete, und ein Dissertationsstudium, mit dem er 1961 an dieser Universität den Doktortitel erwarb. 1961 heiratete er Mechilina „Lieneke" Kampers, mit der er drei Kinder hatte.

Seine Doktorarbeit mit dem Titel *„Sedimentology of Some Flysch Deposits: A Graphical Approach to Facies Interpretation"* publizierte Arnold Bouma 1962 beim Elsevier-Verlag in Amsterdam als Monographie. Sie erreichte schnell eine weltweite Verbreitung mit dem darin beschriebenen Konzept des Aufbaus turbiditischer Tiefseesedimente. Die von ihm beschriebene turbiditische Sequenz charakteristischer aufeinanderfolgender Sedimentlagen wurde bald darauf als die *„Bouma-Sequenz"* bezeichnet, die als ein Meilenstein in der Geologie des 20. Jahrhunderts betrachtet wird. Eine große Anzahl von Feld- und Laborstudien wurden auf der Grundlage dieser Sequenz durchgeführt und bestätigten immer wieder von Neuem die von Bouma eingeführte Einteilung.

Im Anschluss an seine Doktorarbeit gewann Bouma ein Fulbright-Stipendium, mit dem er 1962 und 1963 an das Meeresforschungszentrum der Scripps Institution of Oceanography nach La Jolla bei San Diego, Kalifornien/USA, ging. Das Fulbright-Stipendium gilt als eines der prestigeträchtigsten Studienprogramme der Welt. Nach seinem Aufenthalt in La Jolla ging Bouma zunächst nach Utrecht zurück, wo er bis 1966 als Dozent am Geologischen Institut der Universität lehrte. 1966 emigrierte er in die USA und arbeitete als Mitglied der Fakultät für Ozeanographie an der Texas A&M University in College Station, Texas/USA. Von 1975 bis 1981 ging er zum USGS, dem staatlichen geologischen Dienst der Vereinigten Staaten. In der Arktik-Pazifik-Sektion begann er als mariner Geologe, wechselte dann später in die Atlantik-Golf von Mexiko-Gruppe und wurde dort Manager und Chefwissenschaftler. Von 1981 bis 1985 arbeitete er als Vizepräsident der Gulf Research and Development Company in Harmarville, Pennsylvania/USA, und in Houston, Texas/USA. Drei weitere Jahre verbrachte er bei der Chevron Oil Field Research Company in Houston, Texas/USA, bevor er 1988 an die Louisiana State University in Baton Rouge wechselte, wo ihm die Charles T. McCord-Professur mit Bezug zur Erdölgeologie angeboten wurde. 1989 bis 1992 war er der Direktor des Basin Research Institutes und der Vorstand der School of Geosciences an der Louisiana State University. 2005 kehrte er nach College Station zurück, wo er eine außerordentliche Professur innehatte. Dabei verfolgte er den Plan, dort an der Texas A&M University ein Shale Studies Center zu errichten.

Arnold Bouma war außerordentlich produktiv während seiner Karriere. Er schrieb oder editierte 11 Bücher und Sammelbände und war an 119 wissenschaftlichen Artikeln als Autor oder Koautor beteiligt. Er war Chief-Editor für *Marine Geology* von 1963 bis 1966 und für die *Geo-Marine Letters* von 1980 bis 2000, außerdem war er Editor der inzwischen eingestellten Buchreihe *„Frontiers in Sedimentary Geology"*. Er erhielt zahlreiche Ehrungen und war unter den Studenten sehr beliebt als „the Turdidite Man". Von der American Association of Petroleum Geologists (AAPG) wurde er 1982 zum „distinguished lecturer" ernannt. Von der Society for Sedimentary Geology (SEPM) erhielt er 1982 den Francis P. Shepard-Preis, 1992 folgte der Outstanding Education Award der Gulf Coast Association of Geological Societes. 2007 erhielt er den Sidney Powers Memorial-Preis und 2010 die Doris M. Curtis-Medaille für seine wissenschaftliche Lebensleistung.

Arnold Bouma ist unzweifelhaft einer der berühmtesten Experten auf dem Gebiet turbiditischer Ablagerungen und der submarinen Fächer, die von diesen Abfolgen aufgebaut werden. Neben einer ganzen Reihe von Einzelpublikationen verfasste er zwei Bücher, in denen er seine Arbeiten über diese Sedimente zusammenfasste: *„Turbidites and Submarine Fans"* und *„Related Turbidite Systems"*. Die nach ihm benannte Bouma-Sequenz unterteilt turbiditische Sedimente in die Intervalle A bis E, wobei diese Einteilung einerseits auf der Korngröße basiert, andererseits aber auch in Abhängigkeit von der Entfernung zum Transportkanal zu sehen ist. Dabei handelt es sich um Sedimente, die in einem Suspensionsstrom vom Schelfrand in kurzer Zeit in die Tiefsee transportiert und dort abgelagert werden. Suspensionsströme können sich mit Geschwindigkeiten um die 100 Stundenkilometer am Ozeanboden bewegen, so dass einzelne turbiditische Ereignisse gerade mal einige Stunden dauern. Es entstehen unterschiedlich mächtige Lagen von klastischen Sedimenten mit systematisch variierenden Korngrößen, die Bouma in die Lagen A bis D eingeteilt hat. Der darüber liegende pelagische Horizont stellt die Lage E dar. Komplette Bouma-Sequenzen finden sich i.d.R. nur in der Nähe von Transportkanälen (den sog. „Channels"), während in distalen Gebieten nur Teilsequenzen mit feinerem Sedimentmaterial zu finden sind. Anhand der dominierenden Lagentypen kann ein Turbiditfächer charakterisiert werden. Bouma beschrieb die Ablagerung dieser Sedimente und die Prozesse, die an ihrer Bildung beteiligt sind sowohl für rezente Situationen anhand von Bohrkernen, die auf Forschungsschiffen gewonnen wurden, als auch in alten Sedimenten, die überall auf der Welt an Land vorkommen. In jedem Geologiebuch und an allen Einrichtungen, in denen Geologie gelehrt wird, gehören die grundlegenden Arbeiten von Bouma zum Standardprogramm.

Adolf (Dolf) Seilacher

* 24. Februar 1925 in Stuttgart, † 26. April 2014 in Tübingen

Adolf Seilacher wurde am 24. Februar 1925 in Stuttgart als Sohn des Apothekers Adolf Seilacher geboren. Von seinen Verwandten und Freunden Dolf genannt, übernahm er diesen Namen später auch für sich, wobei ihn insbesondere seine amerikanischen Freunde und Kollegen so nannten. Er wuchs in Gaildorf am Kocher auf, wo der Vater die Seilacher'sche Neue Apotheke führte. Schon früh interessierte er sich für die Natur in der Umgebung seines Heimatortes, wo er begann, Fossilien zu sammeln und schon mit 13 Jahren nahm er an der Tagung der Paläontologischen Gesellschaft teil. Da die fossilreichen Schichten des Muschelkalkes und Juras für ihn mit dem Fahrrad etwas zu weit entfernt waren, konzentrierte er sich auf den in der Umgebung von Gaildorf anstehenden Keuper. So entdeckte er Zähne von Süßwasserhaien, die er in seiner ersten Publikation beschrieb. Er hat diese Arbeit bereits mit 18 Jahren fertigstellt (Seilacher 1943), kurz bevor er als Kadett bei der Marine die letzten beiden Jahre des Krieges auf See verbringen musste.

Aus dem Krieg heimgekommen, begann Adolf Seilacher im Herbst 1945 mit seinem Studium der Paläontologie an der Universität Tübingen, zunächst bei Friedrich von Huene (1875–1969), den er schon als Jugendlicher bei einem ihn sehr beeindruckenden Vortrag erlebte. Von Huene brachte ihm bei, Fossilien mit einer Camera lucida, einem Zeichenspiegel, naturgetreu abzuzeichnen, eine Technik, mit der er im Laufe seines Lebens eine Vielzahl von Objekten dokumentierte und in seinen zahlreichen Veröffentlichungen präsentierte. 1951 promovierte er bei Otto Schindewolf (1896–1971). In seiner Dissertation befasste er sich bereits mit den Spurenfossilien, die ihn sein ganzes wissenschaftliches Leben begleiten und ihm seine größten Erfolge bereiten sollten. 1957 habilitierte er sich über Sphinctozoen (Kalkschwämme; veröffentlicht 1962). 1957 heiratete er die promovierte Mikropaläontologin Dr. Edith Drexler, die er ein Jahr zuvor während einer paläontologischen Exkursion kennengelernt hatte. Sie zog die beiden gemeinsamen Kinder groß und hielt ihm ein Leben lang den Rücken für seine wissenschaftliche Arbeit frei. Sie bildete schließlich die Brücke zum Computerzeitalter, dem er sich nicht mehr öffnen mochte.

Nach dem Abschluss seiner Habilitation ging Seilacher zunächst als Dozent an die Universität Frankfurt. Nach einer Assistenzprofessur 1960/61 in Bagdad und einer ersten Professur ab 1961 in Göttingen wurde er 1964 auf den Lehrstuhl seines Lehrers Otto Schindewolf an die Universität Tübingen berufen. Dort blieb er bis zu seiner Emeritierung 1990. Allerdings nahm er 1987, noch während seiner aktiven Zeit in Tübingen, eine weitere Lehrtätigkeit als Professor Adjunct an der Yale University in New Haven, Connecticut/USA, auf. Dieser Universität blieb er für mehr als 20 Jahre bis zu seinem endgültigen Ausscheiden 2010 treu. Seilacher nahm im Laufe seiner wissenschaftlichen Karriere eine ganze Reihe von Gastprofessuren auf vielen Kontinenten der Erde wahr: in Baltimore/USA, Moskau, Neuseeland, Argentinien, Malaysia, Benin, Jordanien, China, Japan, Spanien, Kanada und an verschiedenen Orten in den USA. Er gab das Neue Jahrbuch für Geologie und Paläontologie heraus, war zeitweilig Präsident der Paläontologischen Gesellschaft und organisierte in Tübingen den Sonderforschungsbereich 53 „Palökologie", der das Tübinger Institut von 1970 bis 1984 zu einem weltweiten Zentrum der Paläontologie machte.

Seilacher beschäftigte sich nicht nur mit Fossilien und Spuren von Lebewesen. Von ihm stammen Begriffe wie Konstruktionsmorphologie und Fossillagerstätten. Er verband verschiedene Disziplinen miteinander, wobei für ihn vor allem die Sedimentologie, Fazieskunde und die Morphologie von Lebewesen im Vordergrund standen. Er interessierte sich für den Bau und die Diagenese von Fossilien und für ihre Vergesellschaftung. Dennoch befanden sich die Spurenfossilien immer im Zentrum seiner Forschungen, sie bildeten den roten Faden. Die Fragestellungen rankten sich darum herum und erschlossen ihm sowohl die Flachwasserbereiche im Wattenmeer wie auch die Tiefsee, die er einst mit einem Tiefseetauchboot erkunden konnte. Aus dem reichen Schatz seiner Veröffentlichungen ragt denn auch sein zusammenfassendes Werk „*Trace Fossil Analysis*" aus dem Jahre 2007 heraus. Auch mit den ältesten Lebensformen beschäftigte er sich und suchte dafür Aufschlüsse in den entlegensten Gebieten der Erde auf. 1989 prägte er den Begriff *Vendobionten*, mit dem er Lebewesen der Ediacara-Fauna zu einem eigenen Reich, den „*Vendozoa*" zusammenfasste, die später zu einem eigenen Tierstamm wurden. Insgesamt verzeichnet das Werk Seilachers über 250 Arbeiten, von denen er die weitaus meisten als Erstautor veröffentlicht hat.

Seilacher überwand Grenzen: in Gehäusen von Seeigeln oder Ammoniten erkannte er Konstruktionsprinzipien, die er mit architektonischen Konstruktionen oder maschinenbautechnischen Entwicklungen in Verbindung brachte; er sah die Kunst in der Natur, ließ Platten mit Spurenfossilien und Abdrücken von primitiven Lebensformen vom Präkambrium bis zum Tertiär abgießen und präsentierte diese als Kunstobjekte in seiner weltweit herumgereisten und beachteten Ausstellung „Fossil Art" (Seilacher 2008).

Seilacher hat zahlreiche Ehrungen erfahren. 1987 wurde er zum ordentlichen Mitglied der Heidelberger Akademie der Wissenschaften ernannt, 1989 folgte die korrespondierende Mitgliedschaft der Göttinger Akademie der Wissenschaften. 1992 nahm er als erster Deutscher aus der Hand von König Karl-Gustav von Schweden den Crafoord-Preis der Königlichen Schwedischen Akademie der Wissenschaften entgegen. Dieser Preis ist äquivalent zum Nobelpreis und ist die höchste Auszeichnung in den wissenschaftlichen Disziplinen, für die es keinen Nobelpreis gibt. 1993 erhielt er die Verdienstmedaille des Landes Baden-Württemberg, im gleichen Jahr die Gustav-Steinmann-Medaille der Geologischen Vereinigung (heute Deutsche Geologische Gesellschaft – Geologische Vereinigung, DGGV). 1994 wurde er zum Ehrenmitglied der Gesellschaft für Naturkunde in Württemberg und 1995 zum Ehrenmitglied der Paläontologischen Gesellschaft ernannt. 2006 erhielt er die Lapworth Medal der Palaeontological Association und 2013 die erstmalig vergebene Otto-Jaekel-Medaille der Paläontologischen Gesellschaft.

Walter Alvarez

* 3. Oktober 1940 in Berkeley, Kalifornien, USA

Walter Alvarez wurde als Sohn des Physikers und Nobelpreisträgers Luis Walter Alvarez (1911–1988) und dessen erster Frau Geraldine Smithwick in eine Familie hineingeboren, in der sich nicht nur der Vater, sondern auch schon Großvater und Urgroßvater als innovative Wissenschaftler profilierten. Walter Alvarez besuchte das Carleton College in Minnesota, das er 1962 mit einem Bachelor in Geologie abschloss. An der Princeton University in New Jersey/USA erwarb er 1967 den Ph.D. in Geologie. 1963 heiratete er Milly de Acosta.

Seine berufliche Karriere führte ihn zunächst in die Ölindustrie. Er arbeitete für die American Overseas Petroleum Ltd. in den Niederlanden und während der Zeit der Revolution von Oberst Muammar al-Gaddafi in Libyen. Während dieser Zeit begann er sich für die Geoarchäologie zu interessieren. 1970 verließ er die Ölindustrie. Er bekam ein Stipendium und verbrachte eineinhalb Jahre als Geologe bei einem archäologischen Projekt in Rom, von wo aus er auch an Feldstudien im Apennin teilnehmen konnte. Nach dem Aufenthalt in Rom bekam Alvarez eine Stelle am Lamont-Doherty Geological Observatory der Columbia University in New York. Hier beschäftigte er sich vor allem mit der Tektonik des Mittelmeeres im Lichte der gerade erst kurz zuvor neu entwickelten Theorie der Plattentektonik. Dazu führte er zusammen mit einer ganzen Reihe von Kollegen paläomagnetische Studien an Tiefseekalksteinen in Italien durch, die ursprünglich dazu dienen sollten, eine Rotation des Apennin-Gebirges nachzuweisen. Das funktionierte zwar nicht, aber mit diesen Untersuchungen konnten sie feststellen, dass in den Kalksteinen immer wieder Umkehrungen der magnetischen Polarität nachzuweisen waren. Da sich die kalkigen Abfolgen im Gebiet von Gubbio biostratigraphisch mithilfe von Foraminiferen sehr fein untergliedern und zeitlich einordnen ließen, war es ihnen möglich, die magnetischen Umpolungen über einen Zeitraum von über 100 Millionen Jahren hinweg zu datieren. Daraus ergab sich schließlich die neue Methode der Magnetostratigraphie. Die kalkigen Abfolgen im Gebiet von Gubbio in Italien gelten in ihrer Gesamtheit als eines der wichtigsten zusammenhängenden stratigraphischen Profile zur Eichung der magnetischen Zeitskala. Andere paläomagnetische Studien zeigten, dass kleine Platten wie z.B. Korsika und Sardinien rotierten und umherwanderten.

1977 ging Alvarez an die Universität von Kalifornien in Berkeley, wo er seine Studien zum Massenaussterben am Ende der Kreidezeit begann. Dieses Massenaussterbeereignis hatten er und seine Kollegen in den Kalksteinen in Italien an zwei sehr markanten dunklen Lagen festgestellt. Dort endet schlagartig das Vorkommen von Foraminiferen, die man sogar mit dem bloßen Auge erkennen kann. In der Sedimentlage direkt darüber gibt es gar keine Fossilien und danach setzen neue Foraminiferenarten erst langsam wieder ein.

In einer ein bis eineinhalb Zentimeter mächtigen Zwischenlage zwischen den beiden dunklen Tonlagen entdeckte Walter Alvarez zusammen mit seinem Vater Luis Walter Alvarez, Frank Asaro (1927–2014) und Helen Vaughn Michel (*1932) eine einzelne, stark mit Iridium angereicherte Lage. Iridium kommt in Asteroiden häufig vor, ist aber auf der Erde selten und daher sicher nicht durch vulkanische Aschen in die Sedimentlage eingebracht worden. Sie schlossen daraus, dass es sich um die Auswirkung eines Asteroidenimpakts handeln muss. Da die Iridiumanomalie exakt mit dem schon bekannten Massenaussterbeereignis zusammenfiel, lag der Schluss nahe, dass dies eine Folgeerscheinung des Asteroideneinschlags war. Ferner stellte sich heraus, dass der Zeitpunkt des so postulierten Impakts mit dem Aussterben der Dinosaurier korrelierte. Damit war die Hypothese des Asteroideneinschlags als Ursache für das Aussterben von etwa dreiviertel aller Tier- und Pflanzenarten, darunter der Dinosaurier, geboren. Walter Alvarez hat die Entdeckung und Interpretation der Iridiumanomalie in seinem Buch „*T. Rex and the Crater of Doom*" (T. Rex und der Krater des Verderbens) beschrieben. Eine Bestätigung erfuhr diese Theorie, als zehn Jahre später an der Küste des nördlichen Yucatán/Mexiko der Chicxulub-Krater nachgewiesen wurde, der zeitlich genau an die Kreide-Paläogen-Grenze datiert wird. Über die sog. Alvarez-Hypothese wird jedoch nach wie vor heftig gestritten, wobei vor allem die genaue zeitliche Einordnung und die tatsächliche Auswirkung des Impaktes Gegenstand der Diskussion sind. Der Impakt selbst ist unstrittig, ist er doch klar belegt durch die Iridiumanomalie. Kurz vor dem Asteroideneinschlag kam es in Indien aber zu gewaltigen Vulkanausbrüchen, die zur Bildung der mehrere Kilometer mächtigen Dekkan-Trapp-Basalte führten. Dieses Ereignis, das um ein Vielfaches stärker war als der Ausbruch eines Supervulkans und das zudem über eine halbe Million Jahre andauerte, hatte sicherlich einen ähnlich hohen Einfluss auf die Entwicklung der Lebewelt, weshalb bis heute nicht klar ist, welches der beiden Ereignisse den gewichtigeren Anteil am Massenaussterben an der Kreide-Paläogen-Grenze hatte.

Von 1994 bis 1997 war Alvarez Direktor der Abteilung für Geologie und Geophysik an der Universität in Berkeley. Danach konnte er sich wieder auf die Tektonik im mediterranen Raum, aber auch auf die Erdgeschichte des Colorado-Plateaus konzentrieren.

Seit 2006 hält Alvarez Vorlesungen in „*Big History*", womit er eine interdisziplinäre Herangehensweise an die Geschichte des Kosmos, der Erde, des Lebens und der Menschheit meint. Er möchte damit ein breites Verständnis für das Vergangene, die Gegenwart und die Zukunft vermitteln.

Walter Alvarez wurde mit zahlreichen Preisen ausgezeichnet. Hervorzuheben sind 1985 der G.K. Gilbert-Preis der Planetary Geology Division der Geological Society of America (GSA), 2002 die Penrose-Medaille der GSA, 2006 die Nevada-Medaille des Desert Research Institute, 2008 der Vetlesen-Preis des Lamont-Doherty Geological Observatory und 2013 die Barringer-Medaille der Meteoritical Society. 1983 wurde Alvarez Fellow der American Academy of Arts and Sciences und 1991 zum Mitglied der National Academy of Sciences gewählt. 2005 erhielt er außerdem die Ehrendoktorwürde der Universität Siena in Italien.

Maße und Maltechnik

(Portrait, Seite, Höhe x Breite, Maltechnik)

Georgius Agricola, S. 8, 70 x 50 cm, Acryl auf Leinwand

Nicolaus Steno(nis), S. 10, 50 x 40 cm, Acryl auf Leinwand

James Hutton , S. 12, 29 x 21 cm, Tusche/Acryl auf Papier

Abraham Gottlob Werner, S. 14, 29 x 23 cm, Pastellkreide auf grauem Papier

Friedrich Mohs, S. 16, 40 x 30 cm, Pastellkreide auf Papier

Déodat Gratet de Dolomieu, S. 18, 40 x 30 cm, Pastellkreide auf Papier

Georges Cuvier, S. 20, 40 x 30 cm, Pastellkreide auf Papier

Charles Robert Darwin, S. 22, 40 x 30 cm, Acryl auf Papier

Charles Lyell, S. 24, 33 x 26 cm, Tusche/Aquarell auf Papier

Louis Agassiz, S. 26, 29 x 21 cm, Aquarell auf Papier

Otto Martin Torell, S. 28, 27 x 25 cm, Aquarell auf Papier

William Smith, S. 30, 40 x 30 cm, Acryl auf Strukturpapier

Leopold von Buch, S. 32, 40 x 30 cm, Acryl auf Leinwand

Alexander von Humboldt, S. 34, 40 x 30 cm, Acryl auf Leinwand

Alexandre Brongniart, S. 36, 39 x 26 cm, Tusche/Aquarell auf Japanpapier

Ernst Friedrich von Schlotheim, S. 38, 30 x 20 cm, Tusche/Aquarell auf Papier

Joachim Barrande, S. 40, 40 x 30 cm, Aquarell auf Papier

Friedrich August (von) Quenstedt, S. 42, 30 x 20 cm, Farbstiftzeichnung auf Papier

Bernhard von Cotta, S. 44, 40 x 30 cm, Acryl auf Leinwand

Léonce Élie de Beaumont, S. 46, 23 x 21 cm, Tusche auf Papier

James Dwight Dana, S. 48, 40 x 30 cm, Acryl auf Karton

Eduard Suess, S. 50, 28 x 20 cm, Aquarell auf grauem Karton

Gustav Steinmann, S. 52, 40 x 30 cm, Aquarell auf Papier

Hans Stille, S. 54, 40 x 30 cm, Aquarell auf Papier

Franz Kossmat, S. 56, 30 x 23 cm, Tusche/Acryl auf braunem Karton

Serge von Bubnoff, S. 58, 40 x 30 cm, Acryl auf Leinwand

Hans Cloos, S. 60, 40 x 30 cm, Aquarell auf Papier

Franz Lotze, S. 62, 40 x 30 cm, Aquarell auf Papier

Andrija Mohorovičić, S. 64, 40 x 30 cm, Bleistiftzeichnung auf Papier

Inge Lehmann, S. 66, 40 x 30 cm, Aquarell auf Papier

Charles Francis Richter, S. 68, 40 x 30 cm, Kohle/Aquarell auf Papier

Alfred Wegener, S. 70, 40 x 30 cm, Acryl auf Leinwand

Émile Argand, S. 72, 31 x 23 cm, Acryl auf Papier

Otto Ampferer, S. 74, 40 x 30 cm, Acryl auf schwarzem Karton

Arthur Holmes, S. 76, 40 x 30 cm, Aquarell auf Papier

Alexander Logie du Toit, S. 78, 58 x 35 cm, Acryl auf Karton

Maurice Ewing, S. 80, 40 x 30 cm, Aquarell auf Papier

Marie Tharp, S. 82, 40 x 30 cm, Acryl auf Holz

Harry Hammond Hess, S. 84, 40 x 30 cm, Aquarell auf Papier

John Tuzo Wilson, S. 86, 40 x 30 cm, Aquarell auf Papier

Robert Sinclair Dietz, S. 88, 29 x 20 cm, Acryl auf Karton

Drummond Hoyle Matthews, S. 90, 40 x 30 cm, Acryl auf Leinwand

Frederick Vine, S. 92, 35 x 26 cm, Acryl auf Karton

W. Jason Morgan, S. 94, 30 x 24 cm, Aquarell auf Papier

John Frederick Dewey, S. 96, 40 x 30 cm, Acryl auf farbigem Karton

Eugen Seibold, S. 98, 40 x 30 cm, Acryl auf Leinwand

Henry Fairfield Osborn, S. 100, 40 x 30 cm, Aquarell auf Papier

Arnold Bouma, S. 102, 30 x 40 cm, Acryl auf Papier

Adolf (Dolf) Seilacher, S. 104, 40 x 30 cm, Aquarell auf Papier

Walter Alvarez, S. 106, 26 x 22 cm, Aquarell auf Papier

Literatur

Agassiz, L. (1829): Selecta Genera et Species Piscium.

Agassiz, L. (1833–1843): Recherches sur les poissons fossils. – Neuchatel.

Agassiz, L. (1840–1845): Études critiques sur les mollusques fossils. – Neuchatel.

Agassiz, L. (1840): Études sur les glaciers.

Agricola, G. (1530): Bermannus sive de re metallica. – Basel; Paris 1541 (mit einem Vorwort von Erasmus).

Agricola, G. (1546): De natura fossilium libri X. – Basel (10 Bände).

Agricola, G. (1556): De re metallica libri XII. – Basel (12 Bände).

Agricola, G. (1557): Vom Bergkwerck 12 Bücher (ins Deutsche übersetzt von Philippus Bechius). – Basel.

Alvarez, W. (1997): T. rex and the Crater of Doom. – Princeton Science Library.

Ampferer, O. (1906): Über das Bewegungsbild von Faltengebirgen. – Jb. Geol. R.-A. 56: 539–622, Wien.

Ampferer, O. (1941): Gedanken über das Bewegungsbild des atlantischen Raumes. – Sitzungsber. österr. Akad. Wiss., math.-naturwiss. KL, 150: 19–35, Wien.

Argand, E. (1908): Carte géologique du massif de la Dent Blanche. – Carte géologique spéciale, 52. Commission géologique Suisse.

Argand, E. (1911a): Les nappes de recouvrement des Alpes Pennines et leurs prolongements structuraux. – Materials de la Carte géologique Suisse [n.s.] 31/1.

Argand, E. (1911b): Les nappes de recouvrement des Alpes occidentales. – Carte géologique spéciale, 64, Pl. I-IV. Commission géologique Suisse.

Argand, E. (1916): Sur l`arc des Alpes Occidentales. – Eclogae geologicae Helvtiae 14: 145–191.

Argand, E. (1924): La tectonique de l`Asie. – Congrès géologique international, 13e section (Belgique 1922) 1/5: 171–372.

Barrande, J. (1846a): Notice préliminaire sur le système Silurien et les Trilobites de Bohème. – C. L. Hirschfeld, Leipzig.

Barrande, J. (1846b): Nouveaux Trilobites Supplement a la notice préliminaire sur le système Silurien et les Trilobites de Bohème. – Calve, Prag.

Barrande, J. (1848): Über die Brachiopoden der Silurischen Schichten von Böhmen. – Naturwissenschaftliche Abhandlungen, 2: 155–256.

Barrande, J. (1852–1883): Systême Silurien du Centre de la Bohême. – Prag, Paris, 22 Bände.

Bouma, A.H. (1962): Sedimentology of Some Flysch Deposits: A Graphical Approach to Facies Interpretation. – Elsevier, Amsterdam, Monographie.

Bouma, A.H., Normark, W.R. & Barnes, N.E. (eds.) (1986): Submarine Fans and Related Turbidite Systems. – Springer, New York, 351 S.

Brongniart, A. (1800): Essai d'une classification naturelle des reptiles. – Bulletin de la Société Philomathique 2: 81–82, 89–91.

Brongniart, A. (1821): Sur le gisement ou position relative des ophiolites, euphotides, jaspes, etc. dans quelques parties des Apennins. – Huzard, Paris, 74 S.

Brongniart, A. (1822): Sur les caractères zoologiques des formations. – Huzard, Paris, 58 S.

Brongniart, A. (1844): Traité des arts céramiques ou Des poteries considérées dans leur histoire, leur pratique et leur théorie. – Paris, Béchet jeune, A. Mathias, XXVIII-592, 706, 80 S., 3 Vol.

Cloos, H. (1910): Tafel- und Kettenland im Basler Jura. – Neues Jahrbuch für Mineralogie, B, 30, Stuttgart.

Cloos, H. (1916): Doggerammoniten aus den Molukken. – Habilitationsschrift, Schweizerbart, Stuttgart.

Cloos, H. (1928): Bau und Bewegung der Gebirge in Nordamerika, Skandinavien und Mitteleuropa. – Fortschritte der Geologie und Paläontologie 7: 21, Berlin.

Cloos, H. (1947): Gespräch mit der Erde. – 1. Auflage, R. Piper & Sohn, München.

Cuvier, G. & Brogniart, A. (1808): Essai sur la géographie minéralogique des environs de Paris. – Journal des Mines 23: 138, 421–458.

Dana, J.D. (1837): A System of Mineralogy. – Durrie & Peck, New Haven, 580 S.

Dana, J.D. (1862): Manual of Geology. – Ivison, Blakeman, Taylor, & Company, New York, 800 S.

Dana, J.D. (1890): Characteristics of Volcanoes. – Dodd, Mead & Company, New York, 438 S.

Darwin, C. (1859): On the Origin of Species by Means of Natural Selection, or the Preservation of Favoured Races in the Struggle for Life. – John Murray, London, 502 S.

Dewey, J.F. (1969): Evolution of the Appalachian/Caledonian orogen. – Nature 222: 124–129.

Dewey, J.F. & Bird J.M. (1970): Mountain belts and the new global tectonics. – Journal of Geophysical Research 75: 2625–2647.

Deutsche Stratigraphische Kommission (Hrsg.; Koordination und Gestaltung: Menning, M. & Hendrich, A.) (2016): Stratigraphische Tabelle von Deutschland 2016 (STD 2016). – Potsdam (Deutsches GeoForschungsZentrum). ISBN 978-3-9816597-7-1.

Dewey, J.F. & Burke, K. (1973): Tibetan, Variscan and Precambrian basement reactivation: products of continental collision. – Journal of Geology 81: 683–692.

Dietz, R.S. (1961): Continent and Ocean Basin Evolution by Spreading of the Sea Floor. – Nature 190: 854–857.

Dolomieu, D. de (1775): Expériences sur la pesanteur des corps à différentes distances du centre de la terre, faites aux mines de Montrelay en Bretagne. – Observations et Mémoires sur la Physique, etc. 6: 1–5.

Dolomieu, D. de (1791): Sur un genre des pierres calcaires très-peu effervescentes avec les acides, & phosphorescentes par la collision. – Observations et Mémoires sur la Physique, etc. 39: 3–10.

Dolomieu, D. de (1795): Exposé de la nouvelle méthode adoptée par Déodat Dolomieu, pour la description des minéraux. – Magasin Encyclopédique ou Journal des Sciences, des Lettres et des Arts par A. L. Millin, Paris, III, 1: 35–38.

Dolomieu, D. de (1801): Sur l'espèce minéralogique. – Journal des Mines 10, 9: 587–630, 647–706.

Dufrenoy, A.P. & Elie de Beaumont, L. (1841–1848): Explication de la carte géologique de la France. Première carte géologique de la France au 1/500 000. – Sous la direction de M. Brochant de Villiers. Paris: Imprimerie Royale, 2 Bände.

Élie de Beaumont, L. (1829–1830): Recherches sur quelquesunes des révolutions de la surface du globe. – Annales des Sciences Naturelles, 18 und 19.

Élie de Beaumont, L. (1845–1849): Leçon de géologie pratique. – Vorlesungen.

Élie de Beaumont, L. (1852): Notice sur les systèmes des montagnes. – Paris, 3 Bände.

Ewing, M. (1931): Calculation of Ray Paths from Seismic Travel-Time Curves. – Ph. D. Thesis, Rice Institute, Houston, Texas.

Gutenberg, B. & Richter, C.F. (1949): Seismicity of the earth and associated phenomena. – Princeton University Press, Princeton New Jersey, 295 S., bearbeitete Neuauflage: 1954.

Heezen, B.C., Tharp, M. & Ewing, M. (1959): The Floors of the Oceans. I. The North Atlantic. – Geological Society of America, Special Paper 65: 126 S.

Heezen, B.C. & Tharp, M. (1961): Physiographic diagram of the South Atlantic Ocean, the Caribbean Sea, the Scotia Sea, and the eastern margin of the South Pacific Ocean. – Geological Society of America & Williams and Heintz Map Corporation.

Heezen, B.C. & Tharp, M. (1964): Physiographic diagram of the Indian Ocean, the Red Sea, the South China Sea, the Sulu Sea and the Celebes Sea. – Geological Society of America.

Heezen, B.C. & Tharp, M. (1977): The World Ocean Floor. – Gemalt von Berann, H.C., Maßstab: 1:23.230.300.

Hess, H.H. (1946): Drowned ancient islands in the Pacific basin. – American Journal of Science 244: 772–791.

Hess, H.H. (1962): History of ocean basins. – In: Engel, A.E.J. et al. (ed.): A Volume in Honour of A.F. Buddington, S. 599–620, Geological Society of America, New York.

Holmes, A. (1913): The Age of the Earth. – Harper & Brothers, London, 196 S.

Holmes, A. (1931): Radioactivity and Earth Movements. – Transactions of the Geological Society of Glasgow, 18 (3): 1929, 559–606.

Holmes, A. (1944): Principles of Physical Geology. – Nelson & Sons, London, 300 S.

Hutton, J. (1788): Theory of the Earth; or an Investigation of the Laws Observable in the Composition, Dissolution, and Restoration of Land upon the Globe. – Transactions of the Royal Society of Edinburgh 1: 209–304.

Isacks, B., Oliver, J. & Sykes, L. (1968): Seismology and the new global tectonics. – Journal of Geophysical Research 73: 5855–5899.

Koeppen, W. & Wegener, A. (1924): Die Klimate der geologischen Vorzeit. – Gebrüder Borntraeger, Berlin, iv + 256 S.

Kossmat, F. (1916): Paläogeographie (Geologische Geschichte der Meere und Festländer). – 2. neubearbeitete Auflage, Berlin, Göschen (Sammlung Göschen; 406).

Kossmat, F. (1927): Gliederung des varistischen Gebirgsbaues. – Abhandlungen des Sächsischen Geologischen Landesamtes 1: 1–39.

Kossmat, F. (1936): Paläogeographie und Tektonik. – Gebrüder Borntraeger, Berlin, 413 S.

Lee, C.D., Vine, F.J. & Ross, R.G. (1983): Electrical conductivity models for the continental crust based on laboratory measurements on high-grade metamorphic rocks. – Geophysical Journal of the Royal Astronomical Society 72: 353–371.

Lehmann, I. (1936): P'. – In: Publications du Bureau Central Séismologique International A14 (3): 87–115.

Lehmann, I. (1987): Seismology in the Days of Old. – Eos Transactions AGU 68 (3): 33–35.

Livermore, R.A., Vine, F.J. & Smith, A.G. (1983): Plate motion and the geomagnetic field. I. Quaternary and late Tertiary. – Geophysical Journal of the Royal Astronomical Society 73: 153–171.

Livermore, R.A., Vine, F.J. & Smith, A.G. (1984): Plate motion and the geomagnetic field. II. Jurassic to Tertiary. – Geophysical Journal of the Royal Astronomical Society 79: 939–961.

Logis du Toit, A. (1926): The Geology of South Africa. – Oliver & Boyd, Edinburgh, 463 S.

Logis du Toit, A. (1927): A Geological Comparison of South America with South Africa. – Carnegie Institution Publication 381, Washington, D. C., 158 S.

Logis du Toit, A. (1937): Our Wandering Continents: An Hypothesis of Continental Drifting. – Oliver & Boyd, Edinburgh, 366 S.

Lotze, F. (1929): Stratigraphie und Tektonik des keltiberischen Grundgebirges (Spanien). – Abhandlungen der Gesellschaft der Wissenschaften, Göttingen, Mathematisch-Naturwissenschaftliche Klasse, 13 + 320 S.

Lotze, F. (1937): Zur Methodik der Forschungen über saxonische Tektonik. – Geotektonische Forschungen 1: 6–27.

Lotze, F. (1945): Zur Gliederung der Varisziden der Iberischen Meseta. – Geotektonische Forschungen 6: 78–92.

Lotze, F. & Sdzuy, K. (1961): Das Kambrium Spaniens. – Akademie der Wissenschaften und der Literatur Mainz, Abhandlungen der Mathematisch-Naturwissenschaftlichen Klasse, Jahrg. 1961, Nr. 6-8, 411 S.

Lyell, C. (1829): On a Recent Formation of Freshwater Limestone in Forfarshire, and on Some Recent Deposits of Freshwater Marl; With a Comparison of Recent With Ancient Freshwater Formations; and an Appendix on the Gyrogonite or Seed Vessel of the Chara. – Transactions of the Geological Society of London, 2nd ser., 2: 73–96.

Lyell, C. (1830–1833): Principles of Geology. – 3 Bände, John Murray, London, 460 S.; 12 Neuauflagen bis 1875.

Lyell, C. (1838): Elements of Geology. – John Murray, London, 571 S.; 6 Neuauflagen bis 1865.

Lyell, C. (1845): Travels in North America. With Geological Observations on the United States, Canada, and Nova Scotia. – John Murray, London, Band 1, 355 S.; Band 2, 315 S.

Lyell, C. (1849): A Second Visit to the United States of North America. – John Murray, London, Harper & Brothers, New York, Band 1, 569 S.; Band 2, 407 S.

Lyell, C. (1863): Geological Evidences of the Antiquity of Man. – John Murray, London, 600 S.; 4 Neuauflagen bis 1873.

Mohs, C.F. (1804): Beschreibung des Grubengebäudes Himmelsfürst ohnweit Freiberg im sächsischen Erzgebirge. – Carmesianische Buchhandlung, Wien, 461 S.

Mohs, C.F. (1820): Die Charaktere der Klassen, Ordnungen, Geschlechter und Arten, oder Charakteristik des naturhistorischen Mineral-Systems. – Arnoldische Buchhandlung, Dresden, 100 S, 2. Aufl. 1821.

Mohs, C.F. (1822, 1824): Grundriss der Mineralogie. – Arnoldische Buchhandlung, Dresden.

Mohs, C.F. (1838): Anleitung zum Schürfen. – Carl Gerold, Wien, 207 S.

Moores, E.M. & Vine, F.J. (1971): The Troodos Massif, Cyprus and other ophiolites as oceanic crust: evaluation and implications. – Philosophical Transactions of the Royal Society A, 268: 443–466.

Morgan, W.J. (1968): Rises, Trenches, Great Faults, and Crustal Blocks. – Journal of Geophysical Research 73: 1959–1982.

Naumann, C.F. & Von Cotta, B. (1832-1845): Geognostische Specialcharte des Königreichs Sachsen und der angrenzenden Länderabtheilungen. – Maßstab 1:120.000, 12 Blätter („Sectionen"), Hrsg. Königliche Bergakademie Freiberg.

Osborn, H.F. (1903): Ornitholestes hermanni, a new compsognathoid dinosaur from the upper Jurassic. –Bulletin of the American Museum of Natural History 19: 459–464.

Osborn, H.F. (1905): Tyrannosaurus and Other Carnivorous Dinosaurs. – Bulletin of the American Museum of Natural History, 21: 259–265.

Osborn, H.F. (1910): The Age of Mammals in Europe, Asia and North America. – Macmillan Company, New York, 676 S.

Osborn, H.F. (1917): The Origin and Evolution of Life. – Charles Scribner´s Sons, New York, 374 S.

Osborn, H.F. (1923): A new genus and species of Ceratopsia from New Mexico, Pentaceratops sternbergii. – American Museum Novitates 93: 1–3.

Osborn, H.F. (1924): Three new Theropoda, Protoceratops zone, central Mongolia. – American Museum Novitates 144: 1–12.

Osborn, H.F. (1936): Proboscidea: A Monograph of the Discovery, Evolution, Migration and Extinction of the Mastodonts and Elephants of the World. – Publ. on the J. Pierpont Morgan Fund by the trustees of the American Museum of Natural History: American Museum Press, 882 S.

Piccard, J. & Dietz, R.S. (1961): Seven Miles Down: The Story of the Bathyscaph Trieste. – Putnam, New York, 249 S.

Quenstedt, F.A. (1836): De notis Nautilearum primariis. – Dissertatio inauguralis, Berlin, 34 S.

Quenstedt, F.A. (1842): Das schwäbische Stufenland. – In: Bauer, L. (Hrsg.), Schwaben, wie es war und ist. Karlsruhe; S. 270-374.

Quenstedt, F.A. (1846–1884): Petrefactenkunde Deutschlands. – 7 Bände, L.F. Fues, Tübingen.

Quenstedt, F.A. (1858): Der Jura. – Laupp`sche Buchhandlung, Tübingen, 2 Bände, 842 S.

Quenstedt, F.A. (1883–1888): Die Ammoniten des Schwäbischen Jura. – 3 Bände, Schweizerbart, Stuttgart.

Richter, C.F. & Gutenberg, B. (1936): Gutenberg Magnitude and Energy of Earthquakes. – Science 83: 183–185.

Richter, C.F. (1958): Elementary Seismology. – W.H. Freeman and Co., San Francisco, 768 S.

Rogers, A.W. & Logis du Toit, A. (1909): An introduction to the geology of Cape Colony. – Longmans, Green and co., London u.a., 491 S.

Scheidegger, A.E. & Wilson, J.T. (1950): An investigation into possible methods of failure of the earth. – Proceedings of the Geological Association of Canada 2: 167–190.

Seibold, E. (1948): Der Bau des Deckgebirges im oberen Rems-Kocher-Jagst-Gebiet. – Dissertation an der Eberhard Karls Universität Tübingen, 144 S.

Seibold, E. (1991): Das Gedächtnis des Meeres. – Piper, München, 446 S.

Seibold, E. (1995): Entfesselte Erde – Vom Umgang mit Naturkatastrophen. – Deutsche Verlags-Anstalt, Stuttgart, 287 S.

Seilacher, A. (1943): Elasmobranchier-Reste aus dem oberen Muschelkalk und dem Keuper Württembergs. – Neues Jahrbuch für Mineralogie, Geologie und Paläontologie, Monatshefte, 1943 (10): 256–271.

Seilacher, A. (1951): Zur Einteilung und Deutung fossiler Lebensspuren. – Unveröffentlichte Dissertation, Universität Tübingen.

Seilacher, A. (1962): Die Sphinctozoa, eine Gruppe fossiler Kalkschwämme. – Akademie der Wissenschaften und der Literatur, Mainz, Abhandlungen mathematisch-naturwissenschaftliche Klassen, 1961: 722–790.

Seilacher, A. (1989): Vendozoa: Organismic construction in the Proterozoic biosphere. – Lethaia, 22 (3): 229–239.

Seilacher A. (2007): Trace Fossil Analysis. – Springer, Berlin, Heidelberg, New York; xiii + 226 S.

Seilacher, A. (2008): Fossil Art. – Englische Ausgabe 2008, deutsche Ausgabe 2013 bei E. Schweizerbart Science Publishers, Stuttgart.

Smith, W. (1799): Table of strata in the vicinity of Bath. – Manuskript in der Geological Society Library, London.

Smith, W. (1799): Geological Map of Bath. – Manuskript in der Geological Society Library, London.

Smith, W. (1815): A delineation of the strata of England and Wales, with parts of Scotland. – A Memoir to the Map and Delineation of the Strata of England and Wales with part of Scotland: London: Cary, facsimile reprint, History of Geology Group of the Geological Society, 2015 + 26 p. introduction.

Smith, W. (1819–1824): New Geological Atlas of England & Wales. – G. & J. Gray, London, 6 Teile.

Steinmann, G. (1927): Die ophiolithischen Zonen in den mediterranean Kettengebirgen. – 14. Internationaler Geologischer Kongress, Madrid 2: 638–667; übersetzt und neu herausgegeben von Bernoulli, D. & Friedman G.M., in: Dilek, Y. & Newcomb, S. (eds.), Ophiolite Concept and the Evolution of Geologic Thought. Geological Society of America Special Publication 373: 77–91.

Steinmann, G. & Sieberg, A.H. (1929): Geologie von Perú. – Carl Winters Verlag, Heidelberg, 448 S.

Steno, N. (1667): Canis carchariae dissectum caput. – In: Steno, N., Elementorum mytologiae specimen: Florenz.

Steno, N. (1669): De solido intra solidum naturaliter contento dissertationis prodromus. – Florenz, 114 S.

Stille, H. (1900): Der Gebirgsbau des Teutoburger Waldes zwischen Altenbecken und Detmold. – Inaugural-Dissertation, A.W. Schade Buchdruckerei, Berlin, 51 S.

Stille, H. (1913): Die saxonische Faltung. – Zeitschrift der Deutschen Geologischen Gesellschaft 65: 575–596.

Stille, H. (1922): Die Schrumpfung der Erde. – Festrede gehalten zur Jahresfeier der Georg August-Universität zu Göttingen am 5. Juli 1922, Gebrüder Borntraeger, Berlin, 37 S.

Stille, H. (1924): Grundfragen der vergleichenden Tektonik. – Gebrüder Borntraeger, Berlin, vii + 443 S.

Stille, H. (1928): Über europäisch-zentralasiatische Gebirgszusammenhänge. – Nachrichten von der Gesellschaft der Wissenschaften zu Göttingen, Mathematisch-Physikalische Klasse, 1928: 173-201.

Stille, H. (1940): Einführung in den Bau Amerikas. – Gebrüder Borntraeger, Berlin, 717 S.

Suess, E. (1862): Der Boden der Stadt Wien nach seiner Bildungsweise, Beschaffenheit und seinen Beziehungen zum Bürgerlichen Leben. – W. Braumüller, Wien, [VI]+326 S.

Suess, E. (1875): Die Entstehung der Alpen. – W. Braumüller, Wien, [VI]+168 S.

Suess, E. (1883): Das Antlitz der Erde, Ia (Erste Abtheilung). – F. Tempsky, Prag und G. Freytag, Leipzig, 310 S.

Suess, E. (1885): Das Antlitz der Erde, Ib. – F. Tempsky, Prag und G. Freytag, Leipzig, IV+311–778+[1] S.

Suess, E. (1888): Das Antlitz der Erde, II. – F. Tempsky, Prag und G. Freytag, Leipzig, IV+704 S.

Torrell, O. (1875): Schliff-Flächen und Schrammen auf der Oberfläche des Muschelkalks von Rüdersdorf. – Zeitschrift der Deutschen Geologischen Gesellschaft 27: 961–962.

Vine, F.J. & Matthews, D.H. (1963): Magnetic anomalies over oceanic ridges. – Nature 199: 947–949.

Vine, F.J. (1965): Magnetism in the seafloor. – PhD thesis, University of Cambridge.

Vine, F.J. & Wilson, J.T. (1965): Magnetic anomalies over a young oceanic ridge off Vancouver Island. – Science 150: 485–489.

Vine, F.J. (1966): Spreading of the Ocean Floor: New Evidence. – Science 154: 1405–1415.

Vine, F.J. & Moores, E.M. (1969): Paleomagnetic results for the Troodos Igneous Massif, Cyprus. – Transactions of the American Geophysical Union 50: 131; Abstract.

Von Bubnoff, S. (1921): Die hercynischen Brüche im Schwarzwald, ihre Beziehung zur carbonischen Faltung und ihre Posthumität. – Stuttgart, Schweizerbart 1921, (Phil. Hab.-Schr.), auch als Sonderabdruck in: Neues Jahrbuch für Mineralogie, Beilage Band 45.

Von Bubnoff, S. (1926): Geologie von Europa. Band 1: Einführung, Osteuropa, Baltischer Schild. –Gebrüder Borntraeger, Berlin, 322 S.

Von Bubnoff, S. (1930–1936): Geologie von Europa. Band 2 (in insgesamt 3 Bänden): Das außeralpine Westeuropa. – Gebrüder Borntraeger, Berlin, 1603 S.

Von Bubnoff, S. (1931): Grundprobleme der Geologie, eine Einführung in geologisches Denken. – Gebrüder Borntraeger, Berlin, VIII + 237 S.

Von Bubnoff, S. (1952): Fennosarmatia. Geologische Analyse des europäischen Kerngebietes. – Akademie-Verlag, Berlin, 450 S.

Von Buch, L. (1825): Physikalische Beschreibung der Kanarischen Inseln. – Hofdruckerei der Königlichen Akademie, 2 Bände, 388 und 381 S.

Von Buch, L. (1826): Geognostische Karte von Deutschland und den umliegenden Staaten: in 42 Blättern. – Maßstab ca. 1:1.100.000, Simon Schropp et Comp., Berlin.

Von Buch, L. (1839): Über den Jura in Deutschland: eine in der Königlichen Akademie der Wissenschaften am 23. Februar 1837 gelesene Abhandlung. – Dümmler, Berlin.

Von Cotta, B. (1832): Die Dendrolithen in Beziehung auf ihren inneren Bau. – Arnoldische Buchhandlung, Dresden, Leipzig, 148 S.

Von Cotta, B. (1836): Geognostische Wanderungen Band 1: Geognostische Beschreibung der Gegend von Tharandt. Ein Beitrag zur Kenntniss des Erzgebirges. – Arnoldische Buchhandlung, Dresden, Leipzig, 176 S.

Von Cotta, B. (1838): Geognostische Wanderungen Band 2: Die Lagerungsverhältnisse an der Grenze zwischen Granit und Quader-Sandstein bei Meissen, Hohnstein, Zittau und Liebenau. – Arnoldische Buchhandlung, Dresden, Leipzig, 64 S.

Von Cotta, B. (1839): Anleitung zum Studium der Geologie und Geognosie. Besonders für deutsche Forstwirthe, Landwirthe und Techniker. – Arnoldische Buchhandlung, Dresden, Leipzig, 132 S.

Von Cotta, B. (1848–1856): Briefe über Alexander von Humboldt's Kosmos. – Leipzig, T.O. Weigel. 1./2. Bd. 1848. 2. Aufl. 1850. 316 S. – 3. Bd. 1851. 2. Aufl. 1856. 468 S.

Von Cotta, B. (1850–1862): Gangstudien oder Beiträge zur Kenntniss der Erzgänge. – J.G. Engelhardt Verlag, Freiberg, Band 1–4.

Von Cotta, B. (1852): Geologische Bilder. – Verlagsbuchhandlung J.J. Weber, Leipzig, 340 S.

Von Cotta, B. (1854, 1858): Deutschlands Boden, sein geologischer Bau und dessen Einwirkung auf das Leben der Menschen. – F.A. Brockhaus, Leipzig, Bd. 1, 614 S. 1 geologische Karte 1:20.000, Bd. 2, 457 S.

Von Cotta, B. (1855): Gesteinslehre. – J.G. Engelhardt Verlag, Freiberg, 255 S.

Von Cotta, B. (1854, 1859-1861): Die Lehre von den Erzlagerstätten. – J.G. Engelhardt Verlag, Freiberg, 2 Bände.

Von Cotta, B. (1856): Die Lehre von den Flötzformationen. – J.G. Engelhardt Verlag, Freiberg, 285 S.

Von Cotta, B. (1866): Geologie der Gegenwart. – Verlagsbuchhandlung J.J. Weber, Leipzig, 424 S.

Von Cotta, B. (1871): Der Altai: Sein geologischer Bau und seine Erzlagerstätten. – Verlagsbuchhandlung J.J. Weber, Leipzig, 382 S.

Von Humboldt, A. (1845–1862): Kosmos – Entwurf einer physischen Weltbeschreibung. – J.G. Cotta`scher Verlag, Stuttgart, Tübingen; 1 Bd.: 1845, 493 S., 2. Bd.: 1847, 544 S., 3. Bd.: 1850, 644 S., 4. Bd.: 1858, 649 S., 5. Bd.: 1862, 1297 S.

Von Schlotheim, E.F. (1804): Beschreibung merkwürdiger Kräuterabdrücke und Pflanzenversteinerungen: Ein Beitrag zur Flora der Vorwelt. – Becker`sche Buchhandlung, Gotha, 68 S.

Von Schlotheim, E.F. (1820): Die Petrefactenkunde auf ihrem jetzigen Standpunkte durch die Beschreibung seiner Sammlung versteinerter und fossiler Überreste des Thier- und Pflanzenreichs der Vorwelt. – Becker`sche Buchhandlung, Gotha, 437 S.

Von Schlotheim, E.F. (1822, 1823): Nachträge zur Petrefactenkunde. – 2 Bände, Becker`sche Buchhandlung, Gotha.

Wegener, A. (1905): Die Alfonsinischen Tafeln für den Gebrauch eines modernen Rechners. – Dissertation, Berlin.

Wegener, A. (1912): Die Entstehung der Kontinente. – Geologische Rundschau 3 (4): 276–292.

Wegener, A. (1915): Die Entstehung der Kontinente und Ozeane. – Sammlung Vieweg, Nr. 23, Braunschweig, 94 S.

Wegener, A. (1929): Die Entstehung der Kontinente und Ozeane. – 4. Auflage, Sammlung Die Wissenschaft, Bd. 66, Vieweg, Braunschweig, 155 S.

Werner, A.G. (1774): Von den äußeren Kennzeichen der Foßilien. – Siegfried Lebrecht Crusius, Leipzig, 304 S.

Werner, A.G. & Hoffmann, C.A.S. (1789): Mineralsystem des Herrn Inspektor Werners mit dessen Erlaubnis herausgegeben von C.A.S. Hoffmann. – Bergmännisches Journal, Jg. 2, 1: 369–398.

Wilson, J.T. (1950): An analysis of the pattern and possible cause of young mountain ranges and island arcs. – Proceedings of the Geological Association of Canada 3: 141–166.

Wilson, J.T. (1962): The Cabot and Great Glen Faults. – Nature 197: 680–681.

Wilson, J.T. (1963): A possible origin of the Hawaiian Islands. – Canadian Journal of Physics 41: 863–870.

Wilson, J.T. (1965a): Transform Faults, Oceanic Ridges, and Magnetic Anomalies Southwest of Vancouver Island. – Science 150: 482–485.

Wilson, J.T. (1965b): A new class of faults and their bearing on continental drift. – Nature 207: 343–347.

Abbildungen / Bildnachweis

Abb. 1. Hutton-Unconformity am Siccar Point, gezeichnet von Sir James Hull, 1788, während einer Exkursion mit James Hutton.
https://commons.wikimedia.org/wiki/File:Siccar_Point_red_capstone_closeup.jpg?uselang=de

Abb. 2. Geologische Karte von England und Wales, 1815 publiziert von William Smith.
https://commons.wikimedia.org/wiki/File:A_new_Geological_map_of_England_and_Wales_by_William_Smith_(1820).jpg

Abb. 3. Aufzeichnung des Erdbebens von San Francisco 1906 durch den ersten Göttinger Seismographen.
http://dingedeswissens.de/ddw/de/projects/sammlungspanorama/geophysik/seismogramm/

Abb. 4. Kontinentaldrifttheorie nach Wegener (4. Auflage, 1929).

Abb. 5. Konvektionsströmungen als Motor der Plattenbewegungen nach Holmes, 1919.

Abb. 6. Ozeanbodenkarte des Atlantiks, 1968 publiziert von Bruce Heezen und Marie Tharp.
https://www.nationalgeographic.org/hires/1968-atlantic-ocean-floor-map/

Abb. 7. Historische Echolot-Aufzeichnung des ersten von Harry Hess entdeckten Guyots, vermutlich in der Nähe des Eniwetok-Atolls.
https://commons.wikimedia.org/wiki/File:Guyot_Hess.jpg

Abb. 8. Verteilung der Lithosphärenplatten nach Morgan, 1968.

Abb. 9. Zusammenfassendes Modell der Plattentektonik nach Isacks et al. 1968.

Abb. 10. Das von 1968 bis 1983 im Rahmen des Deep Sea Drilling Projects (DSDP) eingesetzte Forschungsschiff „Glomar Challenger".
https://commons.wikimedia.org/wiki/File:GlomarChallengerBW.JPG